黄秋葵
■优良品种与高效栽培技术

◎ 刘维侠 韩 旭 编著

U0320933

中国农业科学技术出版社

图书在版编目（CIP）数据

黄秋葵优良品种与高效栽培技术 / 刘维侠，韩旭编著 . —北京：中国农业科学技术出版社 , 2017.12

ISBN 978-7-5116-3361-3

Ⅰ . ①黄… Ⅱ . ①刘…②韩… Ⅲ . ①黄秋葵－蔬菜园艺 Ⅳ . ① S649

中国版本图书馆 CIP 数据核字 (2017) 第 276700 号

责任编辑　李冠桥
责任校对　贾海霞

出　版　者　中国农业科学技术出版社
　　　　　　北京市中关村南大街 12 号　邮编：100081
电　　　话　（010）82109705（编辑室）（010）82109702（发行部）
　　　　　　（010）82109709（读者服务部）
传　　　真　（010）82106625
网　　　址　http://www.castp.cn
经　销　者　各地新华书店
印　刷　者　北京建宏印刷有限公司
开　　　本　850mm×1 168mm　　1 /32
印　　　张　4.5
字　　　数　120 千字
版　　　次　2017 年 12 月第 1 版　2021 年 2 月第 3 次印刷
定　　　价　35.00 元

前　言

黄秋葵原产于非洲东部的埃塞俄比亚，随后传至整个非洲、印度、美国等地。近年来已遍布世界各地，以亚热带和热带地区为主。最早记载黄秋葵栽培历史的国家是埃及，我国早在明代已有黄秋葵的栽培历史，并作为药用。目前在我国大部分地区广泛种植，栽培面积逐年增加。

黄秋葵作为药食兼用型蔬菜，以其清新的香味、丰富的营养价值深受广大消费者的青睐，目前已成为日常餐桌上不可缺少的佳肴之一。黄秋葵特有的保健和药用价值使其获得了"植物伟哥""绿色人参"等美誉，具有良好的市场价值和前景，加工食品、保健品等已占据了一定的消费市场。

随着黄秋葵市场份额的逐渐增加，越来越多的种植者选择发展黄秋葵产业，迫切地需要一套完整、详细、实用的黄秋葵高效栽培技术，推介不同的黄秋葵品种及其适应性，这正是《黄秋葵优良品种与高效栽培技术》编写的目的。

本书分为十一章，分别为概述、黄秋葵的种质资源与分类、黄秋葵特征特性及对环境条件的要求、黄秋葵主要优良品种、黄秋葵育苗技术、黄秋葵高效栽培技术、黄秋葵栽培方式及栽培模式、黄秋葵主要病虫害及其防治技术、黄秋葵贮藏与加工、黄秋葵化学成分及药理作用、黄秋葵的食用方法，从优良品种、优质高产栽培技术到贮藏加工、药理作用等方面详细介绍了黄秋葵这一蔬菜作物，以期为广大科技人员、黄秋葵种植者及相关产品开发者提供参考和借鉴。

　　本书编写过程中由于时间仓促、学术水平有限，错漏之处在所难免，我们热忱地欢迎广大专家学者、读者提出宝贵意见和建议，以便我们修改和补充。

编著者

2017 年 10 月

目 录
CONTENTS

第一章 概 述

第一节 黄秋葵的起源与传播

黄秋葵（Abelmoschus esculentus（L.）Moench 或 Hibicus esculentus L.）是锦葵科（Abelmoschus）秋葵属（Malvaceae）一年生草本植物，鲜食部分主要为嫩荚果，嫩叶、嫩花及嫩芽也可食用。英文名称为 okra，中文名称又叫秋葵、黄葵、洋辣椒、秋葵菜、羊角椒、羊角豆、羊角菜、补肾菜、咖啡黄葵、咖啡豆、越南芝麻等。

黄秋葵是菜、药兼用的保健型蔬菜，广泛栽培于热带和亚热带地区，最适宜在热带气候地区生长。世界各地均有黄秋葵的栽培分布，非洲、加勒比海岛国、欧洲以及东南亚各地均已普遍种植；美国、印度和埃及种植面积最大；日本率先进行了保护地栽培生产，并培育出优质高产的新品种。目前，我国各地也均有黄秋葵的分布与栽培，种植较多的地区有北京、上海、山东、陕西、河北、浙江、江苏、安徽、福建、广东、湖南、湖北、云南、江西、海南、台湾等省（市），特别是我国的台湾地区，种植面积最大。很多国家已将黄秋葵列入了 21 世纪最佳绿色食品名录之中；日本人称黄秋葵为"绿色人参"，因其营养价值堪比人参，但却更比人参适合人们日常食补；美国人则根据黄秋葵特有的营养价值给其取了一个十分容易记住的名字——"植物伟哥"；黄秋葵已被许多国家选定为运动员日常饮食的首选蔬菜。

关于黄秋葵栽培起源的说法不一致。相传黄秋葵起源于非洲东部的埃塞俄比亚，后来随着班图人移居至非洲，黄秋葵的资源也传入了非洲，进而继续向东部流传，最后传到了印度。直到15世纪，欧洲探险家们在探险的时候发现了这一植物并将其带到了西印度群岛和巴西。在17世纪初的时候，法国殖民者和非洲奴隶又将黄秋葵资源引入了美国。近年来世界各地广泛种植黄秋葵，以亚热带和热带栽培最为普遍。

一般认为黄秋葵的发源地是非洲，最早发现的栽培历史是从埃及开始的，据《本草纲目》记载，公元前2000年埃及就已栽培黄秋葵，但是有关黄秋葵的非洲品种最早被记载的是在公元1216年的埃及。但也有人认为黄秋葵的原产地是亚洲的南印度，有记载显示在印度发现了黄秋葵的野生种。有关黄秋葵发源地及品种数量的概况如表1-1所示。

表1-1 黄秋葵发源地及品种数量的概况

种类	发源地	品种数
A. esculentus	印度，巴基斯坦	16
	叙利亚，土耳其	11
	伊拉克，阿富汗，苏联	10
	美国	10
	中东	6
	加勒比海	5
	埃及，萨迪亚，沙特，也门	5

种类	发源地	品种数
	兰斯拉夫，罗马尼亚	5
	西非，扎伊尔	4
	墨西哥，美国中部	3
	秘鲁	2
A. species（suspected amphidiploid）	象牙海岸	12
	加纳	2
A. manihot	印度	1
A. moschatus	印度	1
A. tetraphyllus	印度	1
A. species（MITA 1194）	印度	1

关于黄秋葵在中国的栽培历史也有不同的说法。有记载认为中国的黄秋葵是 20 世纪 20—30 年代从印度引种并种植，也有记载认为是引种于美国或者日本。但是根据古书记载，黄秋葵并非从他国引种，而是中国自古就有，黄秋葵的食用历史可以追溯到周代，《汉书》《左传》《春秋》《诗经》《说文解字》等古籍均有葵（黄秋葵）的记载；现代权威典籍对黄秋葵的起源也有所涉及，如《辞海》云："黄蜀葵，名秋葵，原产我国"。中国明代李时珍著的《本草纲目》中已对黄秋葵（"黄葵"）有所记载，并对黄秋葵的形态特性进行了详尽的描述："黄葵二月下种，宿子在土自生，至夏始长，叶大如蓖麻叶，深绿色，叶有五尖如人爪形，旁有小尖，六月开花，大如碗，鹅黄色，紫心六瓣而侧，午开暮落，随后结角，大如拇指，长二寸许，本大末尖，六棱有毛，老则黑，内有六房，其子累累在房内，色黑，其茎长者六七尺。"由此可以证明，早在明代时期中国已经有了黄秋葵的栽培

历史，并已作为药用。

另有相关记载阐明黄秋葵（"洋辣椒"）的历史是在清朝末年，据说"洋辣椒"的种子是徐继骐从日本引入。徐继骐，湖南浏阳人，清朝末年官派前往日本留学，学习政法三年，回国时从日本带回了灰黑色的黄秋葵种子，其妻子种下120天后，发现结出了像辣椒一样的果实，炒熟后吃在嘴里鲜嫩滑爽，藕断丝连，但却没有辣味。由于不知道这种蔬菜的名字，所以当地人根据黄秋葵果实的形状起名"洋辣椒"，慢慢传播下来，直到今天仍然沿用这个形象的名字。

历史上，我国福建省建宁、泰宁、将乐等地区已种植黄秋葵品种"洋辣"和"茄椒"，且具有100多年的历史；我国于70多年前从印度引种黄秋葵在上海市宝山县大场镇栽培；江西省萍乡县上埠镇黄秋葵的种植历史也有50多年；景德镇市也于1992年开始试种黄秋葵。

第二节　黄秋葵的市场价值

一、营养及食用价值

黄秋葵作为药食兼用型蔬菜，具有丰富的营养价值。黄秋葵全身上下都是宝，叶片、芽、花、果实、种子等均可食用，具有一定的药用价值，其中以嫩荚的食用为主。黄秋葵嫩荚的营养价值非常丰富，富含蛋白质、碳水化合物、膳食纤维、矿物质、脂肪、纤维素，钙、铁、锰、锌、镁、铜、硒的含量也极为丰富，此外，还富含维生素 A、B 族维生素、维生素 C 和胡萝卜素。黄秋葵的嫩荚中含有丰富的纤维素、半纤维素、木质素以及由多聚半乳糖、半乳聚糖、阿拉伯聚糖与果胶结合组成的黏性混合物质和黄酮类物质。黄秋葵嫩荚的主要营养成分及含量如表 1-2 所示（由于品种不同，各成分的含量略有差异，数据来源于网络公布）。

表 1-2 黄秋葵嫩荚营养成分表（每 100 克含量）

成分	含量	成分	含量	成分	含量
可食部	88%	水分	86.2 克	能量	37 卡
能量	155 千焦	蛋白质	2 克	脂肪	0.1 克
碳水化合物	11 克	膳食纤维	3.9 克	胆固醇	0 毫克
灰分	0.7 克	维生素 A	52 毫克	胡萝卜素	310 毫克
视黄醇	0 毫克	硫胺素	0.05 微克	核黄素	0.09 毫克
尼克酸	1 毫克	维生素 C	4 毫克	维生素 E(T)	1.03 毫克
a-E	0.92%	(β-γ)-E	0.11%	δ-E	0%
钙	45 毫克	磷	65 毫克	钾	95 毫克
钠	3.9 毫克	镁	29 毫克	铁	0.1 毫克
锌	0.23 毫克	硒	0.51 毫克	铜	0.07 毫克
锰	0.28 毫克	碘	0 毫克		

黄秋葵的种子中含有丰富的蛋白质、脂肪、钾、钙、铁、锌、锰等矿物质，可以提取油脂、蛋白质或作为咖啡的代用品。黄秋葵的种子含有大量的脂肪酸，如硬脂酸、油酸、亚油酸、棕榈酸、亚麻酸、豆蔻酸、花生酸，这些脂肪酸的种类和比例与世界卫生组织和联合国粮农组织所颁布的食用油中多烯酸、饱和酸和单烯酸的比值为 1：1：1 的理想营养模式非常接近。另外，黄秋葵种

5

子中的总黄酮含量远远高于大豆中的总黄酮含量，大豆的总黄酮含量为 0.1%~0.5%，而黄秋葵种子的总黄酮含量高达 2.8%。黄秋葵种子中富含 18 种氨基酸，分别为亮氨酸、异亮氨酸、天冬氨酸、丝氨酸、谷氨酸、赖氨酸、蛋氨酸、甘氨酸、丙氨酸、苯丙氨酸、胱氨酸、酪氨酸、色氨酸、缬氨酸、苏氨酸、脯氨酸、组氨酸和精氨酸。

新鲜的黄秋葵嫩果可以直接食用，肉质松软，味道甘甜，脆嫩多汁，独特的香味较清新于黄瓜和丝瓜等瓜类蔬菜。通过煎炒烹炸多种烹饪方法可制作出各种黄秋葵的美味菜肴，如清炒黄秋葵、肉炒黄秋葵、虾仁炒黄秋葵、凉拌黄秋葵、芥末黄秋葵、香菇秋葵汤、秋葵鸡汤、蟹肉秋葵汤、秋葵寿司、秋葵培根卷、秋葵鳗鱼饭等。此外，黄秋葵的风味与茄子非常相似，因此在很多的菜肴里经常用黄秋葵作为茄子的代替品，既增加了视觉上的美感，又能丰富营养。黄秋葵除了可以鲜食外，还可以做成罐头、速冻食品、零食果干、盐渍食品等加工食品供消费者选择。

黄秋葵嫩果还可以干制并研磨成粉状物作为调味品使用，可以提供风味、增加黏度和色泽，同时还可以提供大量的维生素、矿物质、膳食纤维和能量等。黄秋葵的种子具有特殊的香味，成熟的种子烤干研磨成细分，冲调溶解后可以作为咖啡的代替品使用，但却不含有咖啡因成分，对读书、开车、加班等需要提起精神和熬夜的人群具有极大的帮助，还不会导致咖啡因上瘾而产生依赖性。

二、保健及药用价值

黄秋葵是目前市场上越来越流行的特色保健型蔬菜之一，除了具有丰富的营养价值外，还具备了非常高的保健价值。中医学认为黄秋葵味甘且淡，性寒、辛、滑，入心、肺、胃、肾、肝和膀胱经，对肠燥便秘、脾虚乏力以及恶疮、痈疖等病症有着显著的疗效。

黄秋葵的根、茎、花、种子和果实均可以入药。黄秋葵的根是一味中药，具有滋阴润肺、利水消肿、散瘀解毒、清肺止咳、消疲解毒、和胃消疳、医治淋病及乳汁不通等功效，能够治疗肺燥咳嗽、肺痨、胃疼、疳积、痈疮、腮腺炎、生境衰弱等疾病。

黄秋葵的茎可用来清血祛邪、补虚活血、治疗气血虚、产褥热、烫伤等症。

黄秋葵的花中富含黄酮类物质，被称作异黄酮类植物雌激素，比大豆子叶中所含的黄酮含量高出 300 倍左右，能够有效清除氧自由基，具有雌激素抗氧化作用、提高机体免疫力、抗衰老等功效，并且具有调节内分泌系统多种生物学功能，亦可清热解毒，治疗肿胀、淋病、痈疮和烧烫伤。

黄秋葵的种子中含有大量油脂、蛋白质及氨基酸等，具有利水消肿、补脾健胃、活血续骨等功效，用于治疗淋病、水肿、跌打损伤、骨折等；老化的种子亦可用作咖啡的替代品。另外，从种子中提取的植物油能够改善人脑的记忆力，防止动脉硬化、高血压、心脏病和心力衰竭的发生概率，并能够预防老年痴呆症、改善消化系统功能等，植物油中的不饱和脂肪酸类物质具有减少人体中的胃酸形成，防止胃炎、十二指肠溃疡等疾病发生的功能，还具有润肠的功效，经常食用可以有效缓解便秘的发生。

黄秋葵可食用的部分是其嫩果荚，为蒴果，羊角形，通常其横断面为五角形或六角形，具有很好的保健价值。传统的民间医药中，黄秋葵常被用作利尿剂、堕胎药、胃溃疡药和润滑剂。经

常食用黄秋葵的嫩荚，可以帮助消化，健脾保肝、保护肠胃和皮肤黏膜，而且具有治疗胃溃疡、胃炎的神奇功效，在抗疲劳、抗癌、增强血管扩张力、保护心脏等方面也具备良好的功效。

黄秋葵的嫩果荚中含有比较特殊的黏性物质，即糖聚合体，其主要成分包括黏性糖蛋白、果胶、钾和维生素A。黏性糖蛋白是一种由黏多糖类物质和胶原构成的多糖和蛋白质的混合物，它既能增强人体的抵抗力和耐力，又能对人体节腔里的关节膜和浆膜起润滑作用，还可以保持呼吸道和消化道的润滑、助消化、治疗胃炎及胃溃疡，促成胆固醇物质的排泄，消减脂类物质积累在动脉管壁上，保持动脉血管弹性，避免肝肾中的结缔组织产生萎缩或胶原病，长期食用黄秋葵对胃炎及胃溃疡等疾病具有显著的疗效，并可以对肝脏起到保护作用。

黄秋葵的这种神奇黏液造就了它具有强肾补虚的神奇功效，能够较好的刺激男性的性中枢神经，加快血液循环，增进周身器官微血管活化，使男性的阴茎变得更大、更硬，性生活耐力也变得更加持久。因此，黄秋葵是一种天然的补肾植物，并且不会给人们带来任何的副作用。在美国，黄秋葵被形象的誉为"植物伟哥"。

黄秋葵中富含的维生素A能有效地保护视网膜，以保证良好的视力，防止白内障的发生；富含的维生素C能提升人体的免疫力，预防心血管疾病的产生。另外，果胶和维生素C的协同作用，不仅对皮肤具有保健作用和保护效果，而且能使皮肤白皙、细嫩、防止黑色素沉积，可以用来取代少许化学性质的护肤品和化妆品。很多女性将黄秋葵磨碎，取其汁液涂抹在脸上，不仅具有滋润皮肤的作用，而且还有细嫩皮肤和美白的效果。黄秋葵中含有异黄酮类植物雌激素，除具有雌激素抗氧化作用、提高机体免疫力作用外，还可对内分泌系统进行调节等多种生物学功能。

黄秋葵的这种黏液作为药用的效果也非常突出，可以作为镇静剂、润肤剂和止痰剂使用。由于黄秋葵具备低糖、低脂等优点，是减肥者的最佳选择。由其所含的特殊黏液制作的浸膏可作为脂肪替代物，制作低脂肪巧克力、饼干等。黄秋葵富含一些微量元素，如硒、锌等，能够有效地增强人体的防癌和抗癌的能力。黄秋葵中含有的可溶性纤维能辅助人体排泄，消减毒素在身体中的堆积，降低胆固醇含量。由于黄秋葵的果实中含有较高的热量，因此，在许多非洲国家和欧美国家将其作为运动员的首选蔬菜，2008 年我国也将其列入了运动员日常蔬菜的行列。黄秋葵的水提液具有抗疲劳、抑制肿瘤细胞增殖、治疗烧伤、烫伤等特殊疗效。

三、观赏价值

黄秋葵植株高大，生长势强，主枝挺拔直立，叶柄长，叶片大，呈五裂，株型舒展洒脱。黄秋葵的花朵硕大，充分绽放后花冠的直径可达到 4~8 厘米，花瓣基部呈暗紫红色，花冠颜色呈黄色或奶油色，绚丽明亮，每天依节而开，一直开放到顶端，花期较长，具有很高的观赏价值。由黄秋葵的茎、叶、花和果实组成的植株挺拔俊秀，清新优美，可以种植在公园一角、花坛四周供人观赏；也可在小区、庭院、路旁、池边有规律的种植，开花时繁花似锦，绚丽迷人；也可用黄秋葵作为点缀植物营造园林景观的背景，气派非凡。黄秋葵的花可以做成切花，装饰室内，具有极高的观赏价值。

四、饲用价值

黄秋葵产量高，生物产量可达90吨/公顷。其茎和叶中的粗蛋白质含量为17.47%，粗纤维为10.9%，粗灰分为13.48%，粗脂肪为7.08%，无氮浸出物为51.07%。叶片中的叶黄素含量高达2 370毫克/千克左右，是优良的植物蛋白饲料和能量饲料。当饲料中叶黄素含量达到60毫克/千克时，对蛋黄和鸡肉就会有良好的着色效果，黄秋葵茎叶粉叶黄素含量约是这个数值的39.5倍，是银合欢粉（950毫克/千克）的2.5倍。因此，黄秋葵茎叶粉可作为天然的着色剂，具有安全、无毒、生物活性强等特点，直接添加于鸡饲料中，其富含的叶黄素可显著提高鸡蛋黄的着色效果，也可显著提高鸡皮肤和脂肪的着色效果，却不影响鸡的日增重。黄秋葵作为天然着色剂，能够起到饲料原料和着色剂的双重功效，是一种营养性着色剂，可节省额外应用着色剂的成本，能显著提高肉鸡和蛋鸡的经济效益。黄秋葵的生物产量较高，茎叶粉的生产成本较低，在肉鸡和蛋鸡饲养业中有着极为广阔的应用前景和发展潜力。此外，成熟的黄秋葵果皮可用作兔饲料，黄秋葵的助消化作用会使兔子减少许多消化系统问题，使其毛色更光滑亮泽。

五、其他价值

黄秋葵果实中含有的特殊黏性物质，称为黄秋葵的食用胶，是一种新型的天然亲水胶体，主要成分是果胶、黏性糖蛋白等，是由阿拉伯糖、半乳糖、鼠李糖等构成的多糖与蛋白质形成的共价复合物。该胶体具有黏度高、乳化性强、保湿性和悬浮稳定性较好等特点，可作为理想的天然食品添加剂用于面制品、乳制品、肉制品、饮料等食品工业中。黄秋葵食用胶可以增加冷冻奶制甜品的稳定性和可接受性，亦可作为脂肪替代品用于低脂功能食品的生产。黄秋葵食用胶用作乳化剂制作低脂冷冻乳类甜食时，可以增加水油乳液的稳定性。将黄秋葵的食用胶应用于冰淇淋的生产中，既可增加黏稠度，提高膨胀率，改善整体性与结构，又可降低冰晶析出，口感更佳细腻。这种食用胶作为脂肪替代品制作低脂巧克力，可增加水油乳液的稳定性，可以用于冷冻牛奶巧克力甜点中，是一种可以接受的牛奶脂肪成分的替代品。

黄秋葵的种子含有丰富的蛋白质、油脂，较多的铁、钾、钙、锰等矿物质元素，含油量高达20%，赖氨酸和甲硫氨酸含量也较高。赖氨酸是潜在的高蛋白源，可用来增加膳食结构中谷类食品的营养价值。黄秋葵籽油的香度约为芝麻油的4倍，脂肪酸含量分别为豆蔻酸0.2%、棕榈酸30.6%、棕榈油酸0.5%、硬脂酸4.2%、油酸23.8%、亚油酸30.2%、亚麻酸0.3%、花生酸0.6%，其中亚油酸含量最高，是人体必需脂肪酸，富含各类维生素、矿物质、蛋白质、卵磷脂等，能够改善人的记忆力、防止动脉硬化和高血压、心脏病、心力衰竭，预防老年痴呆症、改善消化系统功能，具有减少胃酸，阻止胃炎、十二指肠溃疡发生等功效，还有润肠功能，经常食用可有效缓解便秘。

黄秋葵的种子可以开发成生物燃油，其在密度、黏滞性、十六烷值、氧化稳定性、润滑性、灰点、冷后流动性、硫含量及酸值等方面，均符合生物燃油的指标，因此，黄秋葵的种子是一种可供开发的生物能源。黄秋葵的种子粉末可用作水净化中铝盐的替代物，茎秆中所含的丰富纤维也有很高的利用价值，可用于造纸业。

第三节　黄秋葵的产业化开发现状与前景

　　黄秋葵是刚刚开发的植物资源，黄秋葵以其特有的药食兼用的特性深受国内外的关注和青睐。作为新兴的、营养价值高、具有保健功能以及抗逆性强的黄秋葵的生产和加工，将具有广阔的发展前景。开发利用黄秋葵的潜在价值将是加工业新的研究方向，对黄秋葵食品功能和保健价值的研究，将加快其开发利用，满足社会对功能性食品的需求。

一、黄秋葵的选育与栽培

　　自 20 世纪 80 年代开始，我国陆续从国外引进黄秋葵品种进行零星种植，如美国的"CLEMSON SPINLESS"，日本的"新东京 5 号""五龙 1 号"等。21 世纪初，我国科研工作者通过系统选育方法培育出适合我国栽培的黄秋葵新品种，如广州市农业科学研究所选育的"粤海"、浙江省农业科学院蔬菜所选育的"纤指"等。近年来，随着杂交育种技术的发展，我国科研机构的学者选育出优良的杂交一代黄秋葵新品种，如中国热带农业科学院热带作物品种资源研究所选育的"热研 1 号"，福建省农业科学院亚热带农业研究所选育的"闽秋葵 1 号""闽秋葵 2 号"等。

　　黄秋葵引种种植初期，栽培比较粗放，产量较低，品质较差。随着种植经验的不断积累，其他蔬菜先进的栽培技术逐渐被应用于黄秋葵的栽培中，并根据黄秋葵自身的生长特性，积极探索黄秋葵的高产、高效、适应性的栽培技术，制定配套的标准化生产技术规范，在生产区建立核心示范区，带动周边地区，扩大种植的辐射面积，广泛拓展黄秋葵的种植面积。黄秋葵在生产中忌连作，也不可和果菜类蔬菜接茬种植，给这一产业的发展带来了一定的障碍，因此，如何实现黄秋葵的周年生产是需要迫切解决的问题。

二、黄秋葵的贮藏与保鲜

黄秋葵的采收季节多集中在7-9月的高温季节，此时的日气温一般维持在28℃以上。黄秋葵的嫩荚皮薄，皮孔和气孔发达，呼吸作用强，造成失水和呼吸消化极快，产品极不耐贮存。常温下采收的黄秋葵嫩荚在数小时内重量迅速减轻、纤维增多、品质变劣，2~3天完全萎蔫甚至腐烂。黄秋葵的嫩果中含水量较高，对温度和各类保鲜剂又比较敏感，极易受损而腐败变质，低温贮藏最多也只能保鲜5~7天，严重制约了货架期，给运输、销售、贮藏、加工等均带来了巨大的困难。若直接将黄秋葵放入冷库贮藏，易造成冻伤，保鲜困难。因此，采用速冻保鲜工艺对黄秋葵进行保鲜冷藏，保持其外观和风味，减缓营养流失，延长货架期，才能满足国内外不断增长的鲜销需求。

三、黄秋葵加工品的开发

为了解决黄秋葵货架期短，保鲜难等问题，其加工品的开发将是黄秋葵产品实现周年供应的重要举措。黄秋葵已经被开发成多种产品供消费者全年选购，例如，黄秋葵花茶、黄秋葵脆片、黄秋葵罐头、黄秋葵酸奶等。黄秋葵花茶因其独特的茶香和药用价值在茶叶市场占据了一席之地，在人们品尝清香茶叶的同时，又补充了人体所必需的微量元素。黄秋葵罐头保存了黄秋葵的原本色泽、脆嫩品质、营养价值、汤汁清亮，已成为消费者选择的佳品。以黄秋葵和奶粉为主要原料的黄秋葵酸奶集营养和保健功能于一体的新型产品深受广大消费者的青睐。

黄秋葵的果是一种天然的净化剂，这种从植物中提取的天然净化剂与传统的化学净化剂相比，更安全、更健康，同时还能补充人体所需的微量元素，是人们净化水资源的首选。该净水产品的问世必然会对传统净水剂产生一次巨大的冲击，也为人们的身体健康提供有力保证。目前的许多食品添加剂中含有铝盐，铝盐的摄入和残留会使人体的血液循环出现严重障碍，危害人体的健康，但用黄秋葵种子代替铝盐制品充当食品添加剂，是有利于身体健康的不错选择。

四、黄秋葵的保健品开发与应用

黄秋葵具有的抗疲劳作用，可以制成各种保健饮品。已有研究表明，黄秋葵的水提液能明显提高小鼠的耐力及耐缺氧、耐寒、耐热能力，明显降低剧烈运动后的血乳酸水平，提高小鼠在应激状态下的生存能力，对疲劳恢复、抗疲劳能力提高具有促进作用。黄秋葵的嫩荚可提取果胶、制作原浆果糕、酿酒、生产果干等，所含的营养物质也可作为保健品和保健食品的原料。充分开发利用黄秋葵的多重价值，将带来巨大的经济价值和社会效益。

五、黄秋葵提取物的开发

黄秋葵种子中的脂肪含量较高，但种皮很硬，给籽油的提取工艺造成了一定的困难。黄秋葵和棉花都是锦葵科植物，籽油的组成成分与棉籽油类似，秋葵籽油的提取和精炼，完全可以采用棉籽油的工艺和设备。秋葵籽毛油中含有少量的棉酚，精炼后可除去，经过精炼的秋葵籽油可以食用。黄秋葵叶片中含有丰富的叶黄素和 β - 胡萝卜素，具备天然着色剂资源植物栽培和应用的优势条件，可作为一种新型的着色剂用作调节食品和饮料的色泽、饲料着色剂，应用于天然食品和饲料着色剂生产，具有安全、无毒、无害，生物活性强、生物利用率高等优点。黄秋葵种子中的总黄酮含量为 2.8%，含量十分丰富，可作为天然黄酮类化合物的一个新来源。黄秋葵种子的黄酮类化合物的提取方法可参照大豆的提取方法，主要有超滤法提取、有机溶剂浸提、微波提取、超声技术提取、超临界流体萃取、高压提取以及酸水解法或酶水解法等。黄秋葵嫩果中所含的特殊黏液物质极具保健作用，已被应用于各行各业，例如饮料、面制品、肉制品、乳制品、工业等领域。黄秋葵多糖在饮料生产中既可以作为营养强化剂，又可以作为澄清助剂、增稠剂和悬浮剂；用于新型面制品的开发，兼具感官特性和保健功能；在饼干、巧克力和低脂冷冻乳类甜食的制作中可以代替脂肪，可以降低食品热量。黄秋葵的黏液物质可以作为润肤剂、镇静剂和止痰剂，具有滋润皮肤、美白、细嫩及防黑的特殊功效；果实黏液还可以成为血浆的替代品。

第二章　黄秋葵种质资源与分类

第一节　锦葵科植物分类

据记载,锦葵科(Malvaeeae)的植物为草本或者木本植物,约有50属,约1 000种,分布于热带、亚热带和温带地区,越接近热带地区种数越多。该科植物具有广泛的药用价值,特别在印度传统医药中,该科植物几乎被用于治疗各种疾病。该科植物广泛分布着具有生理活性的黄酮成分以及多糖成分。我国有16属,计81种和36变种或变型,约占属总数的27%,种总数的8%。已知作为药用的约60种,分布于全国各地,以热带和亚热带地区种类较多,较为常见的种类有锦葵、冬葵、蜀葵、黄秋葵、黄蜀葵、黄葵、扶桑、木槿、洋麻、树棉、陆地棉、海岛棉等。

锦葵科的植物为草本、灌木或乔木植物。茎皮多纤维且具有黏液。叶互生,单叶,叶边缘为全缘或锯齿状,或分裂,其叶脉通常呈掌状,具有2片托叶且早落。花为腋生或顶生,单生、簇生、聚伞花序或圆锥花序;通常为两性花,少数种类为单性异株或杂性花,辐射对称;萼片通常为基部合生,呈镊合状排列,萼片3~5片,分离或合生,有的种类所有的萼片变成了副萼,形成总苞状的小苞片；有花瓣 5 片，呈旋转状排列，彼此分离，但与雄蕊管的基部合生；雄蕊多数，花丝连合成管，称为雄蕊柱，为单体雄蕊，花药 1 室，呈马蹄形或肾形，纵裂，花粉被刺；子房上位，由 2~5 枚或较多的心皮环绕中轴而形成 2 室至多室，通常以 5 室居多，中轴胎座，花柱单一，上部分枝或者为棒状，每室胚珠 1 至多枚，花柱与心皮数相同或为其 2 倍。果实由分果或浆果组成蒴果，常几枚果爿分裂，很少浆果状。种子肾形或倒卵形，被毛或光滑无毛，具有胚乳。子叶扁平，折叠状或回旋状。

锦葵科是极其重要的经济作物，例如，棉属的种子纤维是棉绒的主要来源，其种子也可以榨油，供应工业和食品用，世界各国均已广泛栽培棉属；大叶木槿、黄槿、大麻槿等的茎皮是特别好的纤维植物；朱槿、木芙蓉、木槿、悬铃花、蜀葵等是著名的园林观赏植物；咖啡黄葵、锦葵、蜀葵等通常被用作食用或者入药。

根据花和果实的构造，锦葵科植物可分为 3 族 16 属，即锦葵族、梵天花族和木槿族。

一、木槿族（Hibisceae）

该族共有 6 属，包括秋葵属（Abelmoschus Medicus）、大萼葵属（Cenocentrum Gagnep.）、十裂葵属（Decaschistia Wight）、棉属（Gossypium Linn.）、木槿属（Hibiscus Linn.）、桐棉属（Thespesia Soland. Ex Corr.）。我国有 6 属 28 种，25 变种和变型。该族植物为草本、灌木或乔木植物；雄蕊柱仅外面着生花药，顶端平截或具 5 齿，很少着生花药；花柱分枝与心皮同数；果为室背开裂的蒴果。

17

二、锦葵族（Malveae A. Gray）

该族共有8属，包括苘麻属（Abutilon Miller）、蜀葵属（Althaea Linn.）、翅果麻属（Kydia Roxb.）、花葵属（Lavatera Linn.）、锦葵属（Malva Linn.）、赛葵属（Malvastrum A. Gray）、黄花稔属（Sida Linn.）、隔蒴苘属（Wissadula Medicus）。我国共有8属38种和10变种，其中引入栽培的有6种。锦葵族植物大多数为草本植物，很少为灌木或者乔木植物，雄蕊柱上着生花药至顶端，柱头数与心皮数相同；果实分裂成分果，并与果轴脱离。

三、梵天花族（Ureneae B. et H.）

该族共有2属，分别为悬铃花属（Malvaviscus Dill. ex Adans.）和梵天花属（Urena Linn.）。我国共有2属3种和5变种，其中引入栽培的有2变种。梵天花族的植物为草本或灌木植物，花柱分枝数是心皮数的2倍，雄蕊柱上仅外部着生花药，顶部平截或有5齿，果裂成分果爿，分果爿具锚状倒刺毛。

第二节　秋葵属植物分类

1990年10月，由国际植物种质资源委员会（IBPGR）主办，在印度首都新德里召开了国际黄秋葵遗传资源会议。会议上，各国专家对大量黄秋葵及其近缘种的形态学和细胞遗传学的相关研究进行了详细的讨论分析，最终决定将秋葵属（Abelmoschus

Medic）植物归类为 9 种，它们广泛分布于东半球热带和亚热带地区。我国有 6 种和 1 变种，广泛分布在从东南地区到西南地区各省。

秋葵属植物多为一年、两年生或多年生草本植物，绝大多数有体毛，且多刚毛或被绒毛。叶全缘或掌状分裂，叶腋处花单生，颜色多为黄色或红色，小苞片 5~15 片，多为线形，极少数为披针形；花萼佛焰苞状，一侧开裂，先端具有 5 齿，且早落；花冠黄色或红色，紫色花心，呈漏斗形，有 5 个花瓣；雄蕊柱比花冠短，顶端 5 齿，基部含有花药；子房为 5 室，每室有多颗胚珠，花柱 5 裂；蒴果细长而尖，室背开裂，有软毛或被硬毛，且浓密；种子为球形或肾形，数量多且无毛。秋葵属植物的花大而颜色艳丽，极具观赏价值；有些种类可供食用或者入药。

表 2-1 秋葵属植物分种检索表

描述	植物分种
1 小苞片 4~5，卵状披针形，宽达 4~5 毫米；花黄色	黄蜀葵
1 小苞片 6~20，线形，宽 1~3 毫米；花红色或黄色	
2 植株疏被长硬毛	黄蜀葵（原变种）
2 植株密被黄色长刚毛	刚毛黄蜀葵
3 小苞片 10~20；叶心形或掌状分裂	
3 小苞片 6~12；叶卵状戟形，箭形至掌状 3~7 裂	
4 小苞片 15~20，宽 1~2 毫米；蒴果近圆球形，长 3~4 厘米	长毛黄葵
4 小苞片 12，宽 2~3 毫米；蒴果卵状椭圆形，长 4.5~5.5 厘米	木里秋葵

描述	植物分种
5 花梗短，长 1~2 厘米；蒴果筒状尖塔形，长 10~25 厘米	咖啡黄葵
5 花梗较长，长 2~7 厘米；蒴果极短，近球形或椭圆形，长 2~6 厘米	
6 一年生或二年生草本，高 1~2 米; 地下部具直根；小苞片在果时紧贴；花黄色，花瓣基部暗紫色；蒴果长 5~6 厘米	黄葵
6 多年生草本，高 0.4~1 米；地下部具块茎状根；小苞片在果时开展或反曲；花黄色或红色；蒴果长约 3 厘米	箭叶秋葵

我国的 6 种，其中 1 种为特有，1 种为引进，广泛分布于河北、河南、浙江、四川、云南、福建、贵州等地，但可作为蔬菜作物食用的只有黄秋葵，其果实是一种药食兼用的保健型蔬菜。

第三节 黄秋葵种质资源分布

黄秋葵及其近缘种在世界各地分布广泛，因此，国际植物种质资源委员会（IBPGR）建议亚洲、非洲、南美洲和澳大利亚是黄秋葵种质资源收集的重点区域。虽然这些地区秋葵属植物的生态类型十分丰富，但是种与种之间的亲缘关系非常复杂。黄秋葵及其近缘种在许多国家的农业经济中占据着重要的地位，所以，世界上绝大多数国家对黄秋葵种质资源的搜集、保存和创新利用都给予了高度的重视。

目前，黄秋葵广泛种植于欧洲、非洲、加勒比海岛国以及东南亚各地区，其中美国、印度、埃及种植居多，日本率先进行了黄秋葵保护地种植，并培育出一批优质高产的新品种。许多国家已经逐渐形成了黄秋葵的种植基地，例如，印度、美国、巴西、加纳、尼日利亚、菲律宾、科特迪瓦、埃及、斯里兰卡等，其中印度的资源最为丰富，且种植面积最大，秋葵属 9 个种中，印度有 8 个种分布于各个邦内。根据 IBPGR 在 1991 年的报告，印度国家植物种质资源部已保存黄秋葵的种质 1 806 份，其中栽培种 1 448 份，近缘野生种 358 份，其他育种部门也收集保存了 509 份资源；非洲科特迪瓦的 Savanes 研究所（IDESSA）已保存黄秋葵种质资源 2 375 份。18 世纪中期，美国开始种植黄秋葵。自 1899 年开始从地中海地区引入种质资源，在格列芬（Griffin）收集保存了 1 688 份黄秋葵材料，并对其中的 509 份种质进行了相关的植物学形状鉴定；巴西、菲律宾、塞内加尔、尼日利亚、苏丹、已加纳、斯里兰卡分别保存黄秋葵种质资源 813 份、703 份、400 份、450 份、132 份、109 份、130 份；IBPGR 于 1974—1987 年从西非和东非共收集黄秋葵种质资源 1 473 份。

我国地域辽阔，气候资源十分丰富，是很多蔬菜的起源地和次生中心。我国有黄秋葵记载的历史悠久，早在明代的《本草纲目》（1551—1578）中已有记载。我国秋葵属的种名和分布见表 2-2。

表 2-2 我国秋葵属 6 个种的种名及分布

种名	分布
（1）A. manihot Mesikus（黄秋葵）	河北、山东、河南、陕西、四川、湖南、湖北、贵州、云南、广东、广西、福建等地

种名	分布
(2) A. crintus Wall.（长毛黄葵）	云南、贵州、广西、海南
(3) A. esculentus L. Moench （咖啡黄葵）	云南、广东、湖南、湖北、浙江、江苏、山东、河北
(4) A. Moschatus Medikus Subsp. tuberosus （Span.） Borss （黄葵）	广西、广东、云南、台湾、湖南、江西
(5) A. tetraphyllus （Roxb. ex Hornem.) R. Graham （刚毛黄蜀葵）	四川、贵州、湖北、广东、台湾
(6) A. Muliensis. Feng（木盟秋葵）	四川

我国许多地方已广泛种植黄秋葵，主要集中在北京、广东、上海、福建、江西等省（市），特别是台湾，种植面积最大。我国福建省建宁、将乐和泰宁等县市种植黄秋葵的历史较长，已有百年之久；江西省的萍乡上埠镇的黄秋葵种植历史也有50多年之久；70多年前上海市宝山县大场镇从印度引种栽培黄秋葵，随后浙江、湖南、安徽、江苏、北京、广东、山东、海南、云南、湖北等地区开始普遍种植；江西省景德镇从1992年开始试种黄秋葵。

自20世纪80年代以来，中国农业科学院蔬菜花卉研究所从国外引进黄秋葵种质资源24份，经试种和扩繁后已送国家种质基因库长期保存；其他国内各兄弟单位也积极引入国外的优良品种，已充分创新利用。例如，东京五角、绿星、新东京5号、五龙1号、角捷等。目前绿五星、长绿、早生五角、新东京5号、五福、三乡等20多个品种属于常见品种。不同地区对品种的选择各不相同，根据该地区的气候差异因地制宜，如在华南地区和长江流域，适宜选用"早生五角""台湾五福""绿五星"等品种。台湾农友种苗公司也新育成3个黄秋葵的一代杂种五福、南洋、清福，已在广东、福建、湖南、上海、河北、江苏、陕西、山东和北京等地栽培推广。

种质资源收集保存的最终目的是能够在生产上得到创新和应用。据统计，世界黄秋葵的主产国和 IBPGR 目前共拥有黄秋葵的种质材料 1 万份以上，为黄秋葵及其近缘种资源的创新利用奠定了坚实的基础。现阶段，黄秋葵种质资源的创新利用主要表现在以下几个方面。

1. 为选育新品种提供原始材料

日本、印度和美国大量收集种质资源，并通过纯系选择、变种间或者种间杂交等多种育种途径，育成很多深受农民欢迎的优良品种。如日本改良的品种绿星、五角、五龙 1 号等，印度的 Pusa Sawani、选育 2 号、Parbhani Kranti、Punjab Padmini，美国的 Burgandy 和 Clemson Spineless。我国台湾农友种苗公司也相继推出了五福、南洋和清福 3 个一代杂种。

2. 诱导雄性不育性

黄秋葵是自交植物，但是产量及产量的组成性状的杂种优势十分明显。印度的育种专家们通过射线处理黄秋葵的植株，诱导其突变，获得了基因型雄性不育植株。此不育性由单隐形基因控制，利用育成的雄性不育系生产杂交种子，与正常的可育系相比，能够节省 70% 的时间和劳动力。

3. 从近缘野生种中引进抗病、抗虫基因

黄脉花叶病是黄秋葵栽培生产中一种重要病害，可使产量大幅度下降，严重影响果荚的品质。栽培种 A. escuentus 中缺乏抗黄脉花叶病的基因，常造成发病严重、产量下降、品质变差等。印度国家植物遗传资源部从加纳引进的野生种 A. manihot 和

23

A. tetraphvllus 中发现了高抗黄脉花叶病的材料，通过其与地方品种的种间杂交和多次回交，将野生种的抗病基因成功导入了品种 Pusa Sawani 中，育成了抗病、高产、优质的新品种 Parbhani Kranti。印度园艺研究所用相同的育种方法先后育成了高抗黄脉花叶病毒新品系 60 余个及两个改良品种 Arka Anamika 和 Arka Abhay。另外通过已收集种质的鉴定，从野生种中还发现了对各种虫害（如印度棉叶蝉、蚜虫）和对白粉病免疫的基因。通过种间杂交，并借助生物技术将野生种抗病和抗虫基因转移到常规栽培种的研究正在顺利进行中。

4.增加结果性和改善果实品质

O. P. Dutta 报道称他们利用栽培种和野生种杂交，双二倍体越亲分离的后代中，发现了新的性状变异类型，在变异植株的每一个坐果节位上可以着生两个果实,从而提高了单株的结果能力；孙怀志等筛选出 8 个具有早熟、多果等特性的品种，同时选育出始花节位低、优良单株率高、适合广东地区栽培的粤海黄秋葵品种；赵文若等以红秋蔡、绿秋葵、黄秋蔡、广东黄秋葵、五福 5 个品种为材料，从其生育期、果荚品质、产量以及抗性等方面入手，选育出适合我国北方露地栽培的优良品种；薛旭初等人从 6 个黄秋蔡品种中选育出适合在浙江地区栽培的耐热保健种"JY2"；育种学家致力育成无黏液的黄秋葵品种，以满足不喜欢黄秋葵黏液的消费者的需要。

第三章

黄秋葵特征特性及对环境条件的要求

第一节　黄秋葵的植物学特性

黄秋葵的植株由根、茎、叶、花、果实和种子六部分组成，其特征特性分别论述如下。

一、根

黄秋葵的根为直根系，根系郁勃，主根系发达，吸收能力强，多分布于50~60厘米土层中，有些品种的根系可深达1米以上，抗旱耐湿能力较强。

二、茎

黄秋葵的茎呈圆柱形，粗壮直立，高100~250厘米，粗2-5厘米，苗期胚轴上被有绒毛，后木质化，红绿色，呈圆柱状，基部节间短，一般为1.8~2.5厘米；叶腋易发生侧枝，上部节间稍长，一般为4.8~7.5厘米，中上部节间因生长期、水肥条件、温度、

25

光照的不同而不同，依据不同品种侧枝能力表现不同，生花的叶腋不再发侧枝。

三、叶

黄秋葵的叶片呈掌状，分有 3~5 裂，叶互生，淡绿色，叶缘锯齿状，叶柄细长且中空，一般长度为 15~30 厘米，叶柄和叶片上有些许绒毛或者硬毛，下部叶片阔大，且缺刻浅，上部叶片渐小，多深裂，柄短，5 裂掌状。

四、花

当黄秋葵株高在 50 厘米左右，主枝长至 10~11 片真叶，一般在 4~5 节位的叶腋处着生第一朵花，单生，两性花，花朵大且呈黄色，花瓣基部内侧及花柱、柱头均为紫红色，直径 7~10 厘米，花瓣、萼片各 5 枚，花萼表面有少量茸毛，无限花序，雌雄同体，异花授粉，花梗长约 2.5 厘米，雄蕊基部联合而成雄蕊筒，包围花柱，花萼钟形，花常在上午 8~9 时绽放，下午凋零，次日落花，花自下向上依次开放，每天开放 1~2 朵，极具观赏价值，每朵花可结一个果。

五、果实

黄秋葵的果荚为蒴果，圆锥形，且前端细而尖，稍呈弯曲状，形状和羊角极其相似，多数为 5~6 条棱，少数为多棱，断面为五角形或者六角形，少数为多角形，果荚长为 8~25 厘米，横径为 1.9~3.6 厘米，嫩果呈绿色和紫红色两种，果荚表面覆有细小而密集的白色绒毛，果荚成熟后为黄色，最后变成褐色，自然开裂，有 10~12 心室，每个果实结 40~80 个种子。

六、种子

黄秋葵的种子近圆球形，坚硬，大小与绿豆相似，种皮为淡黑色或者灰绿色，外表皮粗糙，有的表面光滑，有的有茸毛，直径为 0.4~0.6 厘米，有纵列呈条纹状小腺体，揉之有咖啡的香味，种子发芽年限通常为 3~5 年，千粒重为 55~75 克（图 3-1）。

图 3-1 黄秋葵

第二节　黄秋葵的生物学特性

黄秋葵是热带、亚热带的短日照蔬菜，性喜温暖，耐热怕寒，不耐霜冻。种子发芽和生长发育的最适温度为 25~30℃，12℃以下发芽缓慢，开花结果期的最适温度为 26~28℃。此温度下黄秋葵的坐果率高，果实发育快，产量高，品质好。月平均温度低于17℃时影响开花结果，夜温低于 14℃时植株生长缓慢且矮小，叶片狭窄，开花少，落花多。黄秋葵喜光，要求光照时间长、光照充足，并达到一定的光照强度，利于其生长发育。黄秋葵耐旱、耐湿、不耐涝。如果发芽期土壤湿度过大，易诱发幼苗立枯病，结果期则要求水分充足，有利于果实发育，水分不足会造成植株长势差，果实品质低劣。黄秋葵对土壤的适应性极广，不挑地力，但以土层深厚、肥沃疏松、保水保肥力强的壤土或沙壤土为宜。忌连作，不能选择果菜类作物为前茬的土地，最好选择根菜类或叶菜类等为前茬的土地。黄秋葵需氮肥、磷肥和钾肥，生育前期以氮肥为主，中后期以磷、钾肥为主，氮肥过多会导致植株徒长、开花结果延迟，坐果节位升高，氮肥不足植株会因生长不良而减产。

第三节　黄秋葵的生长发育周期

黄秋葵的一生从种子到下一代种子要经历发芽期、幼苗期、开花结果期，完成营养生长到生殖生长的转变，不同生长发育时期对环境条件的要求和栽培措施均有不同。

一、发芽期

从播种至 2 片子叶展平为发育期。在正常条件下，这一时期通常需要 3~7 天。在 25~30℃的适宜温度下，播种后 3-5 天即可发芽出苗。露地直播时，幼苗出土一般需要 7 天左右，采用地膜覆盖可提前 2~3 天出土。

二、幼苗期

从 2 片子叶展平到第 1 朵花开放止为幼苗期。这一时期一般需要 40~45 天，从子叶充分展平至第 1 片真叶展开需要 15~25 天。以后 2~4 天展开一片真叶。这个时期根系发育较快，但幼苗生长缓慢，特别是温度过低、湿度过大时，幼苗生长更加缓慢。

三、开花结果期

从第 1 朵花开放至采收结束为开花结果期，通常需要经过 90~120 天。黄秋葵出苗后经过 45~50 天，第 1 朵花在主枝 3~5 节处开放。一般在早晨开始开花，10：00—11：00 完全开放，12：00 以后开始闭合，至 15：00—16：00 完全闭合。植株进入开花结果期，生长速度加快，生长势增强，特别在高温的条件下，生长速度更快，高温期每 3 天就可以展开一片真叶。通常情况下，播种后 70 天左右开始第一次采收。在白天 28~32℃、夜间 18~20℃的适宜温度下，开花后的 4~5 天即可采收嫩果。

黄秋葵的生长发育全过程包含了种子发芽生根→出苗→子叶展平、真叶初现→幼苗茎叶生长、根系伸长增大→花芽分化→花器形成→开花→授粉、受精→果实发育→种子形成→果实成熟、种子成熟，这是一个从种子到种子生长发育的全过程。

第四节 黄秋葵对环境条件的要求

一、温度

黄秋葵喜温暖、怕严寒，耐热力较强。当气温13℃，地温15℃左右时，种子即可发芽。发芽和生育期的适温均为25~30℃，根系生长的适宜地温是18~24℃。月平均气温低于17℃，会影响其开花结果，夜温低于14℃，植物生长缓慢，植株矮小，叶片狭窄，开花少且落花多。黄秋葵在10℃以下几乎不能正常生长。26~28℃的适温条件下开花多，坐果率高，果实发育快，产量高，品质好。黄秋葵较耐高温，保证肥水供应充足，植株同样可以旺盛生长，在夏季35℃高温下仍然可以正常结果。我国北方地区只能选在春夏播种，保证其在高温季节生长发育；海南地区全年气温较高，所以可在四季播种；长江流域露地栽培一般选择在清明前后播种；华北地区一般于4月下旬到5月播种。

二、光照

黄秋葵属于短日照植物，喜强光，不耐阴，对光照条件特别敏感，需要长时间光照。在较强的日照条件下生长良好，若光照不足会影响开花结果，因此，在黄秋葵整个开花结果阶段要保证有足够的光照。如过度密植，植株互相遮挡，则导致黄秋葵生长发育不良，也会严重影响其产量。如果遇到连续的阴雨天，植株易出现徒长现象，从而导致落花、落蕾；如果日照时间过长，每天在 16 小时以上，则会导致不孕蕾的节位增加，导致产量降低。因此，应选择开阔的向阳地块种植黄秋葵，同时注意合理密植，加强通风透气，否则当黄秋葵植株高大时，会互相遮阳，影响植株的通风透光。

三、水分

黄秋葵耐旱、耐湿，但不耐涝，生长发育期应保持土壤见干见湿。发芽期的土壤湿度过大，易诱发幼苗立枯病；开花结果时不能缺水，要及时提供充足的水分，促进黄秋葵的果荚迅速生长，干旱季节，每天要保证灌水一次；但水分不宜过大，大雨过后要及时排水。结果期缺水，易导致植株长势差，品质劣，虽然能生长，但会影响花芽发育，形成空节位，严重影响产量，所以应始终保持土壤湿润。

四、土壤及养分

黄秋葵的根系较发达，生命力顽强，对土壤的适应性较广，沙壤土、黏土、红壤土均可，不择地力，但以土层深厚、疏松肥沃、排水良好、有机质丰富的壤土或沙壤土为宜，一般要求土层厚度在 50 厘米左右，pH 为 6~8。黄秋葵植株高大，需肥较多，吸肥能力强，因此，应施足底肥，要求氮、磷、钾肥合理搭配、混合施用。生长前期以氮肥较高的复合肥为主，中后期需磷钾肥较多。在黄秋葵的生长发育过程中，需要根据不同的栽培方法和生长状况进行不同的施肥处理，要保证底肥的持效性，追肥的种类和方法可根据土壤实际情况进行调整，需符合植株每一时期生

长发育的特性。此外，在栽培管理的过程中可根据实际需求施用微量元素等肥料。

五、其他

黄秋葵抗病力较强，很少发生病虫害。但黄秋葵忌连作，连作会导致苗期发生猝倒病和立枯病，还会有蓟马、飞虱、潜叶蝇等害虫危害。生长发育的中后期，植株的抗病能力增强，少有病虫害发生，常见的害虫主要有盲蝽象、蚜虫、棉铃虫等。因此，防治病虫害的关键是做好种子消毒工作、避免连作、及时清除周围的杂草等。

第四章　黄秋葵主要优良品种

第一节　品种类型

黄秋葵资源丰富，颜色各样，形状各异，根据黄秋葵不同的形态、生育特征可分为不同的类型。

按植株的高矮可分为3个类型：高秆型，植株高度在2~3米，一般比较晚熟的品种属于高秆型，前期营养生长比较旺盛，植株高大粗壮，叶片多为掌状浅裂，叶面积比较大，栽培密度应适当减小，品种有洋茄、JUBILEE 047、OKRA PUSA SAWANI等；中秆型，植株高度在1.5米左右，一般是中熟或早熟品种，叶片多为掌状中裂，品种有五福、热研1号、东京五角、北京黄秋葵等；矮秆型，植株高度在1米左右，一般比较早熟的品种属于矮秆型，叶片多为掌状中裂至深裂，适宜密植栽培，品种有浓绿五角、彤星、HK2等。

根据生育期长短可分为早熟品种、中熟品种和晚熟品种。

按果实横断面形状分为3个类型：五角型，果实横断面形状为五角形，果实表面有五条棱，品种有东京五角、五福、浓绿五角等；多棱型，果实横断面形状为多角形，果实表面有6~12棱不等，品种有翠绿 1 号、美国 OKRA Clemson Spineless、斯里兰卡 OKRA MI5 等；无棱型，果实横断面形状为圆形或近圆形，果实表面没有棱角，品种有纤指、QUIABO AMARELINHO、FELTRIN 等（图 4-1）。

图 4-1 黄秋葵果实横断面形状

根据商品果和成熟果颜色可分为：紫红色、红色、浅红色、深绿色、绿色、浅绿色、黄绿色、黄白色等多种颜色果实（图 4-2）。目前市场上最受欢迎的是深绿色果实和红色果实，其他颜色有少量栽培。

根据果实形状分为：粗长牛角、细长牛角、粗短牛角、细短牛角、粗长羊角、细长羊角、粗短羊角、细短羊角、短锥型等。

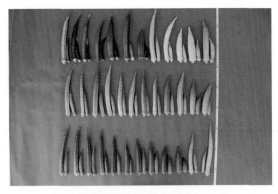

图 4-2 黄秋葵果实不同颜色和形状

　　根据种子颜色分为：灰色、灰绿色、黑色（图 4-3）。

灰色　　　　　　　　灰绿色　　　　　　　黑色

图 4-3 黄秋葵种子颜色

　　根据叶片形状分为：心脏形、掌状浅裂、掌状半裂、掌状深裂、掌状全裂、羽状全裂、指状全裂（图 4-4）。

心脏形　　　　　　　掌状浅裂　　　　　　掌状半裂

掌状深裂　　　　　　羽状全裂　　　　　　指状全裂

图 4-4 黄秋葵叶片形状

第二节 主要优良品种

一、赛瑞特

从印度引进的由拜耳纽内姆种子有限公司选育的杂交一代黄秋葵。株高 140~170 厘米，植株粗壮，分枝能力强。叶片掌状五裂，深裂，荚果五角，较细。商品果长 10~13 厘米，果色深绿有光泽，品质佳，商品性好。早熟品种，从播种到初收 50 天左右，采收期长，建议种植密度为 2 800 株/亩（1 亩 ≈ 667 平方米。下同）（图 4-5）。

图 4-5 赛瑞特

二、HK2

广东省良种引进服务公司引进的杂交一代水果秋葵。株高

150~180厘米，叶片掌状五裂，深裂，果色深绿有光泽，荚果五角，细长棒形，纤维少，不易老化，商品果长10~15厘米。早熟品种，采收期长，产量2 000~2 500千克/亩（图4-6）。

图4-6 HK2

三、TAK II SEED

从日本引进的杂交一代黄秋葵。株高150~170厘米，叶片掌状五裂，深裂，嫩荚颜色浓绿且有光泽，果形光滑顺直，弯曲果、畸形果少，优质果率高。植株生长旺盛，节间短，坐果多，丰产性好，适合密集栽培，建议种植密度为5 000株/亩（图4-7）。

图4-7 TAK II SEED

四、浓绿五角

从日本引进的杂交一代品种。株高 120~150 厘米,首花序节位 4~7 节,以主茎结果为主,结果能力强,节间短,叶片掌状五裂,深裂。荚果五角,果色浓绿,商品果长8~12 厘米,丰产性强,

图 4-8 浓绿五角

品质优,早熟,采收期80~100天,产量可达 2 000 千克 / 亩(图4-8)。

五、热研1号黄秋葵

中国热带农业科学院热带作物品种资源研究所选育的杂交一代品种。株高 150~170 厘米,叶片掌状五裂,中裂。荚果五角,果色绿色有光泽,发生弯曲果少,果肉肥厚,纤维少,不易老化,商品果长 8~12 厘米。早熟品种,结果节位低,初期产量高,采收期可达 70~100 天,一般产量 1 500~2 000 千克 / 亩(图4-9)。

图 4-9 热研 1 号黄秋葵

六、卡里巴

从日本引进的杂交一代品种。株高 150~200 厘米，首花序节位 5~7 节，以主茎结果为主，节位短，叶柄长，叶片掌状五裂，中裂。荚果五角，先端尖，果色浓绿，商品果长

图 4-10 卡里巴

8~12 厘米，出口优质品种，早熟，耐热，适合密植，丰产性极佳，采收期 110~130 天，产量 1 500~2 000 千克 / 亩（图 4-10）。

七、五福

中国台湾农友种苗有限公司选育的早熟品种。株型中等，株高 120~150 厘米，主、侧枝均可开花结果，根系发达，茎直立、粗壮，叶片掌状五裂，中裂。果实五角形，顶端尖细，果色绿色，果形直立，有的弯曲似羊角，商品果长为 8~12 厘米，果面柔滑，外观优美，品质好，耐热、抗病、抗虫，产量 1 500 千克 / 亩左右（图 4-11）。

图 4-11 五福

八、新星五角

从日本引进的杂交一代品种。早熟，株高100~160厘米，分枝性强，一般2~4条分枝，结果能力强。叶片掌状五裂，中裂。荚果五角，果色深绿，商品果长8~12厘米。果形细长，畸形果少，

图 4-12 新星五角

优质果率高。采收期长，初期产量较高，产量可达2 000千克/亩。耐热，最适宜在热带地区栽培（图4-12）。

九、纤指

图 4-13 纤指

浙江省农业科学院蔬菜中晚熟，株高200~260厘米，茎粗，节间较长，叶片掌状五裂，浅裂。始花节位8~10节，荚果无棱角，果色浅绿色，长角形，商品果长12~15厘米，

平均单果重12~15克。连续坐果能力强，丰产性好，品质优，适应性强，耐病虫。以露地播种为主（图4-13）。

十、绿空

绿空黄秋葵是泰国引进的杂交一代品种。早熟性好，坐果节位低，连续坐果能力强，畸形果少，植株长势旺盛，株高 150~180 厘米，采收期长，产量高，果实五角，

图 4-14 绿空

果形整齐，果色浓绿，商品果长 7~10 厘米，风味好，具有早熟、高产、色泽碧绿、口感嫩滑等优点（图 4-14）。

十一、绿五星

日本引进的杂交一代品种。早熟，株高 130~160 厘米，叶片掌状五裂，深裂。以主茎结果为主，开花节位 6~8 节，荚果五角，果色浓绿，畸形果少，外观优美，商品果长 8~10 厘米，稍粗短，采收期长，产量高，品质好，老化晚，从第 4 节起坐果，适合密植，高产（图 4-15）。

图 4-15 绿五星

十二、东京五角

日本引进的杂交一代品种。早熟品种，该品种株型中等，株高150厘米左右，主、侧枝均可开花结果，根系发达，茎直立，叶片掌状五裂，中裂。荚果五角，果色深绿色，果形直立，弯曲

图 4-16 东京五角

果少，商品果长 10~12 厘米，粗 1.5~2.0 厘米，单果重 13 克左右。色绿肉厚，纤维少，品质好，风味佳，耐热、抗病、抗虫，一般产量 1 200~1 800 千克/亩（图 4-16）。

十三、五角

图 4-17 五角

日本引进的杂交一代品种。株高 140~160 厘米，叶片掌状五裂，中裂。茎叶粗壮，荚果五角，果色绿色，形似牛角椒，商品果长 10~12 厘米。播种至采收 55 天左右，采收期 138~148 天，每株可采收 80~100 个嫩荚，产量为 1 500~2 000 千克/亩。该品种喜温、耐热、耐旱，但不耐低温（图 4-17）。

十四、北京黄秋葵

北京市特种蔬菜种苗公司的杂种一代品种。喜温耐热，株高 150~200 厘米，生长势强，叶片掌状五裂，中裂，荚果五角，商品果长 10~12 厘米，蒴果长形，顶端较尖，果色绿色，质地柔软，品质好，

图 4-18 北京黄秋葵

抗病虫能力较强，一般产量 1 500~2 000 千克 / 亩（图 4-18）。

十五、杨贵妃

杂交一代品种。株高 150~180 厘米，叶片掌状五裂，浅裂，荚果五角，商品果长 8~10 厘米，单果重 16~20 克，果色深绿，发生弯曲果少，收获优质果率高。节间较短。侧枝 2~3 条，适宜密植栽培。结果节位较低，初期产量多，抗病虫能力较强，产量为 1 500~2 000 千克 / 亩（图 4-19）。

图 4-19 杨贵妃

43

十六、南湘黄秋葵

南湘（湖南）种苗有限公司的杂交一代品种，株高150~200厘米，叶片掌状五裂、深裂。茎叶粗壮，荚果五角，果色深绿色，商品果长8~12厘米。播种至采收55天左右，采收期60~80天，产量为1 500~2 000千克/亩。

图4-20 南湘黄秋葵

抗病虫性强，耐热、耐涝能力较强（图4-20）。

十七、绿箭

引自日本的杂交一代黄秋葵新品种。株高120~160厘米，定植后52天左右开始采收；植株长势旺盛，茎干粗壮，节间短，叶片深绿，掌状五裂、中裂，坐果能力强，荚果五角，果条顺直，果色浓绿有光泽，商品果长8~12厘米，单果重约18克。口感好，品质优，田间表现抗病性强（图4-21）。

图4-21 绿箭

十八、苏瑞奇

法国进口的杂交一代黄秋葵SURAKSHA。株高150~180厘米，叶片掌状五裂，深裂。荚果五角，果色深绿色，商品果长12~15厘米。纤维少，品质好，风味佳，产量可达2 000千克/亩。

图4-22 苏瑞奇

早熟，采收期80~100天（图4-22）。

十九、彤星

图4-23 彤星

广东省良种引进服务公司引进的杂交一代红秋葵。株高150~170厘米，叶片掌状五裂，深裂，果色红色，荚果5~6角，细长棒形，顶端尖，果面有少量刚毛，商品果长8~10厘米，宽1.6厘米左右。播种后50天左右开始采收，采收长达120天，产量约1 700千克/亩。抗病性强，高品质，高产量，耐储运，货架期长。亦可用作沙拉、凉菜等（图4-23）。

二十、澳星

广东省良种引进服务公司引进的杂交一代黄秋葵。株高150~170厘米，叶片掌状五裂，深裂，果色深绿有光泽，荚果五角，商品果长10~12厘米，果实形状优美，弯曲和凸起果夹较少。品质好，软嫩可口（图4-24）。

图4-24 澳星

二十一、绿闪

日本引进后改良的品种。极早生，株高100~150厘米，节间短，分枝性中强，坐果整齐均匀。叶掌状五裂，蒴果长形，商品果长8~10厘米，先端尖，横切面五角形，果色深绿有光泽，畸形果少，市场性佳。耐湿力强，对土壤适应性广，耐热耐寒性佳（图4-25）。

图4-25 绿闪

二十二、洋茄

福建建阳本地种，中晚熟品种，株高 170~190 厘米，生长势强，分枝性中强，叶掌状五裂，浅裂，果实粗短，6~9 角，果色黄绿色有光泽，商品果长 8~10 厘米。对土壤适应性广，抗病、抗逆性强（图 4-26）。

图 4-26 洋茄

二十三、北京红秋葵

北京市特种蔬菜种苗公司的杂交一代品种。株型高大，植株生长旺盛，株高 160~180 厘米，叶掌状五裂，中裂，商品果长 9~11 厘米，先端较尖，荚果五角，偶有多角，果色深红有光泽，畸形果少，产量为 1 500 千克/亩左右。质地柔软，品质好，耐热，不耐寒（图 4-27）。

图 4-27 北京红秋葵

47

二十四、红星

广东省良种引进服务公司引进的杂交一代红秋葵。株高 160~180 厘米，叶片掌状五裂，中裂，果色粉红色或稍深，荚果无棱，细长棒形，顶端尖，商品果长 10~12 厘米。播种后 55 天左右

图 4-28 红星

开始采收，采收长达 120 天。抗病性强，产量高，耐储运。可用作沙拉、凉菜等（图 4-28）。

二十五、勃艮第红秋葵

美国进口红秋葵，株高 160~180 厘米，叶片掌状五裂，深裂，果色深红，荚果五角，细长棒形，商品果长 10~12 厘米。抗病性强，产量高，耐储运。可用作沙拉、凉菜等（图 4-29）。

图 4-29 勃艮第红秋葵

二十六、日本红秋葵

日本引进的杂交一代红秋葵。株高 160~180 厘米，叶片掌状五裂，中裂，果色红色，荚果 5~6 角，细长棒形，顶端尖，商品果长 10~14 厘米。采收期长达 100 天。抗病性强，产量高，耐储运。可用作沙拉、凉菜等（图 4-30）。

图 4-30 日本红秋葵

图 4-31 叶用黄秋葵

二十七、叶用黄秋葵

刚果(布)引进的叶用专用品种。极晚熟品种。株型高大，植株生长旺盛，株高 180~220 厘米，叶大肉厚，掌状，浅裂，叶片生长能力强，分枝性强，夏季种植，叶片生长期达 100 天以上。商品果小锥形，6~8棱，长 5~6 厘米，果色绿色。耐热、耐寒性强。可用作饲料添加剂（图4-31）。

二十八、金花葵

它又名菜芙蓉、野芙蓉，锦葵科秋葵属金花葵种。植株生命力强，再生能力强，株高 150~180 厘米，叶小，掌状，全裂，花多花大，直径 12~15 厘米，生长期达 150 天以上。商品果小锥形，五角，长 3.5~4.5 厘米，果色深绿色。耐热、耐寒、喜湿、耐盐碱。具有观赏、鲜食、加工等多种用途（图 4-32）。

图 4-32 金花葵

第五章　黄秋葵育苗技术

培育壮苗是黄秋葵高产栽培的重要技术环节之一，黄秋葵育苗不仅可以提供健壮、整齐一致的幼苗，提高移栽成活率，还可以提高土地利用率，节约用种量。好的育苗技术还可以提高幼苗抗病抗逆能力，缓苗快，降低生产成本，具有节能、省工、效率高的优点。

第一节　黄秋葵育苗的主要方式和设施

一、播种方式

黄秋葵抗逆性强，喜高温强光，耐旱耐瘠薄。因此，黄秋葵种植可以育苗，也可以直播。

二、主要育苗设施

1. 日光温室

日光温室是一种保温性能较好的较为复杂的保护地栽培设

施，温室内的环境因子具有稳定、可控的特点。日光温室根据覆盖物的种类可分为玻璃温室和塑料薄膜日光温室。日光温室适合大规模育苗。

2. 塑料大棚

塑料大棚是利用间架结构上面覆盖塑料薄膜的一种简易实用保护地栽培设施，可以充分利用太阳光，在一定范围内起到调节温度和湿度的作用，有保温和防雨功能。从塑料大棚的结构上分简易竹木结构大棚、焊接钢管结构大棚、镀锌钢管装配式大棚（图5-1）。

图 5-1 塑料大棚育苗

3. 塑料小拱棚

塑料小拱棚是一种用材少、投资小、操作灵活的简易保护设施，小拱棚一般采用竹片做成拱形的小棚架，上盖塑料薄膜而成。棚的长短、宽窄根据育苗畦的大小而定，一般宽1.2米，长20~30米，棚高0.5米。小拱棚常在早春季节用来播种育苗。

小拱棚可以和大棚结合使用，我国南方地区早春或冬季育苗大多采用塑料大棚套用小拱棚的育苗方式，这样可以保持较高的苗床温度（图5-2）。

图 5-2 塑料大棚套小拱棚育苗

4.育苗畦

育苗畦是一种简单粗放的育苗方式,对栽培面积大、幼苗要求不高的栽培可以采用育苗畦育苗。一般选择背风向阳、地势平坦、土层深厚、便于灌溉、前茬没有种过黄秋葵的地块。施用腐熟的有机肥作为底肥,挖成深约 15 厘米,宽 1.0~1.2 米,长 10 米的苗床,过宽不利间苗,过长不易通风。畦面尽量整理平整均匀,没有大颗粒土块。

三、育苗容器

常用的育苗容器有育苗盘和育苗钵两种。

育苗盘用塑料制成,常用的大小一般为 54 厘米 ×28 厘米,也有 60 厘米 ×30 厘米或 40 厘米 ×30 厘米等,有 105 孔、72 孔、50 孔、32 孔、21 孔等不同规格。塑料质量也因材质而不同,有一次性的,有可以重复利用的,盘底设有排水孔。综合考虑播种面积、黄秋葵叶面积较大、成本以及人工费等因素,黄秋葵育苗一般选用 50 孔的育苗盘比较合适。

育苗钵为黑色塑料制成的圆台形塑料钵,有 8 厘米 ×8 厘米

到 50 厘米 × 50 厘米十多种规格，其中，黄秋葵常用的为 10 厘米 × 10 厘米或 8 厘米 × 8 厘米）。育苗钵育苗因间距大，幼苗伸展空间大，苗更粗壮，缺点是比育苗盘占用空间大，大批育苗时操作不方便，费时费工。

四、育苗基质

育苗基质可以选用商品专用育苗基质或自配基质。育苗畦的育苗基质一般以菜园土为主，配以腐熟有机肥或市售有机肥，育苗盘和育苗钵用育苗基质可以用商品专用育苗基质，也可以自己配制。育苗基质要求疏松透气、保肥保水力强，富含多种养分，无病虫害。育苗基质有各种配制方法，常用的有以下几种。

（1）菜园土 65%、有机肥 25%、复合肥 5%、草木灰 5%。

（2）菜园土 60%、腐熟圈肥或堆肥 30%、草木灰或炭化谷壳 10%。

（3）育苗基质 60%、椰糠 20%、沙子 20%。

目前，市场上育苗基质种类繁多，但主要成分为草炭、蛭石和珍珠岩，以不同的配比，再加以其他辅助成分，如碳化稻壳、蘑菇废料、花生壳、炉渣灰、椰糠、木薯渣等。

在土质酸性较高的地区，配制育苗基质时要加适量的生石灰，提高基质的 pH，石灰还有增加钙质和促进形成土壤团粒结构的作用。

磷肥对幼苗根系生长有明显的促进作用，在配制育苗基质时加入适量的过磷酸钙，对培育壮苗具有良好的效果。

五、育苗基质的消毒

为了减少苗期病害，培育壮苗，一般要对自配育苗基质进行消毒。常用的方法是福尔马林消毒。床土消毒一般于播种前 10~12 天用喷雾器将 0.5% 福尔马林喷洒在苗床上，用塑料薄膜覆盖，密不通风，闷闭 2~3 天，播前一周揭开塑料薄膜，使药液挥发。育苗基质消毒则每立方米育苗基质均匀撒上 50 倍液的 40% 的福尔马林 400~500 毫升，然后把育苗基质拌匀、堆积，上盖塑料薄膜，密闭 24~48 小时 后去掉塑料薄膜并把土摊开，待药气完全挥发后即可使用。

商品专用育苗基质一般已经消毒，营养成分也比较全面，可直接使用。有些商品专用育苗基质添加了有益微生物，不能再进行消毒。

第二节　黄秋葵育苗技术

一、黄秋葵适龄壮苗标准

黄秋葵适龄壮苗标准为幼苗 3 叶 1 心，秧苗健壮，株高 20 厘米左右；叶色深绿，茎秆粗壮，节间短；根系发达，侧根数量多，基本长满育苗盘或育苗杯；无病虫害。

适宜温度条件下，育苗需要达到这一适龄标准所需要的日历苗龄一般 30~40 天，但因气候、品种和育苗方式等不同而有所差异。其中，影响最大的是温度，一般高温比低温幼苗长得快

5~10天不等。定植苗要求根系基本长满育苗盘（育苗杯），防止幼苗移栽时散坨，不利于定植后缓苗。

二、播种

1. 播种期确定

黄秋葵喜温暖，忌霜冻，因此整个生育期应安排在无霜期内进行。适宜的播种期取决于定植期，而定植期则应根据当地的气候条件、土壤条件、育苗条件、茬口安排和市场需求而定。

黄秋葵在东北、西北、华北地区一般春夏季栽培；长江流域和华南地区春、夏、秋季均可栽培，但以春播为主；海南等热带地区一年四季均可栽培。一般3~4月播种，5—9月收获；5—6月播种，7—10月收获；7月播种，9—11月收获。早春播种应采用温室、大棚、小拱棚或地膜覆盖栽培，正季以露地栽培为主，也可在保护地栽培。

（1）直播。黄秋葵适应性强，容易成活，生产上多采用直播。一般以春播为佳。黄秋葵因其种子发芽、植株生长花芽分化、开花结荚等适宜的温度均在22~35℃，故播种不宜过早。一般地温在15℃以上持续7天以上时直播较好。

我国东北、西北地区气温较低，播种期一般在5月中旬前后；华北地区播种期在4月下旬至5月上旬，华中、华东地区播种期在4月中旬至4月下旬，长江流域、西南和华南地区播种期在3月下旬至4月上旬，海南、广东南部、广西南部地区则在2月中下旬至3月上旬播种。

（2）育苗。为节约土地利用空间或提前上市，可以采用育苗移栽。一般在大小棚或温室内进行，待断霜后定植，北方气温较低，苗龄一般 30~40 天；南方气温较高，苗龄 20~30 天。各地可以根据定植时期来选择育苗日期。

2. 品种选择

根据消费习惯和市场需求，选择适宜的品种进行播种。目前，水果秋葵因其浓绿、肉质细嫩、品质好、产量高等特点栽培面积越来越大。全国大部分地区都以水果秋葵为主。另外，山东、河南、福建等省用于出口的黄秋葵多选用浓绿、短小、硬度适中的黄秋葵品种，如卡里巴、浓绿五角等品种；福建建阳、江西萍乡等地则有一定面积的地方品种，如翠绿 1 号、洋辣椒等。播种种子选择的原则是纯度高、籽粒饱满、色泽度好、出芽率高，播种前剔出瘪种及烂种，以免影响出苗率或传播病菌。

3. 种子处理

黄秋葵苗期容易得猝倒病和立枯病，因而，播种前要进行种子消毒。种子消毒采用 10% 磷酸三钠溶液浸泡 20 分钟，或用 1% 的高锰酸钾溶液浸泡 20~30 分钟，浸泡后立即用清水充分清洗 3~4 次，避免产生药害。

4. 浸种催芽

黄秋葵种皮较硬，播前须浸种处理。播种前用 25~30℃水浸种 24 小时，种子充分吸胀后，用纱布（或毛巾）包好放在 25~30℃下催芽，待 75% 的种子露白后即可播种。

为防止病菌感染，浸种和催芽时，每隔 5~6 小时用清水冲洗种子和纱布（或毛巾）1 次。如果因气候、准备不当等，露白后不能及时播种，应把露白的种子放在 5℃冰箱冷藏层冷藏，控制种芽伸长。

5. 播种

（1）育苗。育苗播种一般选在晴天上午进行。播种前，育苗基质装盘并压实赶平，于播种前一天淋透水，播种前2小时再喷淋一次水，育苗基质以保持湿润、无积水为宜。用手指在每个穴盘中间压入约1.5厘米深的小穴，每穴放入1~2粒种子，播后覆盖营养土1.0~1.5厘米。为防止黄秋葵出现戴帽苗，可以用板凳等有一定重量的平面物件轻轻压实一下。播种后，育苗盘上覆盖遮阳网等覆盖物，温度低时应覆盖黑地膜，以利于遮光、保湿、保温。黄秋葵种子发芽需要较高的湿度和温度，一般要求温度25℃以上，湿度75%~85%，种子出芽快、出芽整齐。黄秋葵发芽出土天数视温度而定，25℃以上时，2~3天即可出土，低于25℃，则4~5天才缓慢出土，出土后及时去掉覆盖物（图5-3）。

图5-3 黄秋葵育苗盘播种育苗

（2）直播。播种前浇透水，直播时每穴2~3粒，用种量

400~500 克 / 亩，播后覆土 1.5~2 厘米，保持土壤湿润。

6. 苗期管理

黄秋葵整个苗期应保持供水均匀、温度和湿度控制得当，及时间苗定苗。

（1）水分管理。黄秋葵出土后及时浇水，之后根据天气情况每天上午浇一次水，浇水要 1 次浇透、浇均匀。穴盘边缘容易失水，应及时补水，一般比中间多浇一些水，必要时调整育苗盘方向，尽量使幼苗整齐一致。之后根据培养土干湿状况适时浇水，以保持土壤湿润为宜。

（2）及时间苗定苗。第 1 片真叶长出时进行间苗，去掉病苗、弱苗，选留壮苗，每穴留 1 株。

（3）养分管理。在育苗前期无需施肥，中后期因幼苗需肥水量增大，基质中可溶性营养成分不能满足幼苗生长需要，有时会出现子叶变黄的现象，此时应及时补充养分，一般视苗情补充 1~2 次叶面肥。叶面肥一般选用 0.2%~0.5% 的尿素或磷酸二氢钾，叶面肥可以单独使用，也可以结合防治苗期病害的农药混合使用。

（4）防止产生"戴帽"苗。黄秋葵种壳较硬，子叶出土时容易将种皮带出土壤，像一顶帽子戴在子叶顶端，俗称"戴帽"。它影响子叶的正常发育和光合作用。其主要原因是苗床过干、覆土过薄。为了防止出现"戴帽"苗，苗床底水要浇透，播种后覆土厚度要适当，播种至出苗前，床面应覆盖地膜，保持土壤湿润。出现戴帽苗时，可以在清晨喷淋清水后再轻轻剥掉即可（图5-4）。

图5-4 黄秋葵"戴帽"苗

（5）防止产生"高脚"苗。幼苗出土后，如果苗床内温度、湿度较高，阳光不足，容易导致黄秋葵幼苗徒长，产生"高脚"苗。"高脚"苗比较细弱，抗病抗逆力差，移栽时缓苗慢，不易成活。预防措施是幼苗出土后及时揭去地膜，降低苗床温度，通风透光，水分不宜过多。如果发生"高脚"苗则通过控水控肥，加强通风透光，以控制地上部生长，促进幼苗根系生长。

第三节　苗期病虫害防治

黄秋葵抗病能力很强，幼苗期一般很少有病虫害发生，即使偶有病虫害发生，提前预防，防治结合，也很容易控制。黄秋葵苗期病害主要有猝倒病和立枯病；虫害主要有蚜虫、白粉虱和潜叶蝇。

一、猝倒病

猝倒病俗称"倒苗""霉根""小脚瘟"，主要由瓜果腐霉属鞭毛菌亚门真菌侵染所致。刺腐霉及疫霉属的一些种也能引起发病。病菌寄主范围很广，严重时可引起成片死苗。

猝倒病常发生在幼苗出土后、真叶尚未展开前，产生絮状白霉，倒伏过程较快，主要危害苗基部和茎部；病菌在土温15~16℃时繁殖最快，适宜发病地温为10℃，故早春苗床温度低、湿度大时利于发病。光照不足，播种过密，幼苗徒长往往发病较重。浇水后积水处或薄膜滴水处，最易发病而成为发病中心（图5-5）。

图 5-5 黄秋葵猝倒病

1. 主要症状

常见的症状有烂种、烂芽和猝倒。烂种、烂芽是播种后，在种子尚未萌发或刚发芽时就遭受病菌侵染而腐烂、死亡。猝倒是幼苗出土后，真叶尚未展开前，遭受病菌侵染，致使茎基部发生水渍状暗斑，继而绕茎扩展，逐渐缢缩呈细线状，子叶来不及凋萎幼苗即倒伏地面。湿度大时，在病苗及其附近地面上常密生白色棉絮状菌丝，可区别于立枯病。

病害开始时，往往是个别幼苗发病，条件适合时以这些病株

为中心，迅速向四周扩展蔓延，形成一块一块的病区。

2. 防治措施

（1）选用健康无毒的种子，种子最好使用包衣剂。

（2）种子播前消毒，可有效去除 80% 或以上的病菌。

（3）培养土用前消毒，或选用商品专用育苗基质。

（4）土壤及其空气湿度不要太大，保持通风透光，防止高温高湿。

（5）药剂防治。幼苗出土后或病害初期，可采用 25% 多菌灵可湿性粉剂 500 倍液或 10% 普力克（霜霉威）800 倍液，或用 70% 恶霉灵可湿性粉剂 600~800 倍灌根，每隔 7 天灌 1 次，连续防治 2~3 次。

（6）苗期可喷施 500~1 000 倍磷酸二氢钾，或用 1 000~2 000 倍氯化钙等，提高抗病能力。

二、立枯病

立枯病主要由立枯丝核菌引起，属半知菌亚门真菌。寄主范围广，除黄秋葵、瓜类、茄科蔬菜外，一些十字花科、豆科等蔬菜也能被害。

一般多发生在育苗中后期。苗床温度较高或育苗中后期阴雨天多、湿度大、幼苗密度过大、间苗不及时、土壤黏度大或重茬等则较易发病。

1. 主要症状

在育苗中后期发生，主要危害幼茎基部或地下根部，发病初期为椭圆形或不规则暗褐色病斑，早期病苗白天萎蔫，夜间恢复；

后期病斑逐渐扩大，绕茎一周，病部逐渐凹陷、缢缩，最后干枯死亡，但不倒伏。湿度大时，病部可见不明显的淡褐色蛛丝状霉（图5-6）。

图5-6 黄秋葵立枯病

2. 防治措施

（1）选用健康无毒的种子，种子最好使用包衣剂。

（2）种子播前消毒，可有效去除80%或以上的病菌。

（3）培养土用前消毒，或选用无毒的育苗基质。

（4）土壤及其空气湿度不要太大，保持通风透光，防止高温高湿。

（5）药剂防治。发病初期，可采用15%恶霉灵水剂450倍稀释液或5%井冈霉素水剂1 500倍液。若猝倒病、立枯病并发，可用800倍72.2%普力克水剂和50%福美双可湿性粉剂的混合液喷淋，每隔7天喷1次，连续防治2~3次。

（6）苗期可喷施500~1 000倍磷酸二氢钾来提高幼苗抗病能力。

第六章　黄秋葵高效栽培技术

第一节　土地选择和整地

一、土地选择

种植基地的选择决定了黄秋葵生产的产品质量，应远离一切可能发生污染的污染源，周边距离应在 3 000 米以上（如工矿、医院、尾气污染源等）。周边作物的生产和病虫害都会对黄秋葵生产产生较大的影响，黄秋葵很容易因周边作物的病虫害而产生相应的病虫害。

黄秋葵对温度光照要求较高，根系发达，生长量和结果量大，种植黄秋葵应选择通风向阳、光照充足、土层深厚、土质疏松肥沃、排灌方便的壤土或黏壤土种植较好。为了减少病虫害发生，尽量避免前茬作物为黄秋葵、棉花等锦葵科作物，以及番茄、辣椒等茄果类蔬菜。尽量选择种过叶菜、根菜类蔬菜的地块，南方最好选择前茬种过水稻的田块。

另外，黄秋葵生长量大，生长盛期需要每天采摘嫩荚，又因黄秋葵不耐贮藏，因此，黄秋葵种植地应交通便利，便于每天运输；或者在附近建设有冷库，便于黄秋葵临时贮藏或者价格较低时暂时存储。

二、整地

整地前应深耕 20~30 厘米，结合耕地，施足有机肥。根据土壤肥力情况，一般每亩施腐熟有机肥 3 000~4 000 千克，复合肥 50 千克，磷酸二铵 15~20 千克，草木灰 100~150 千克或硫酸钾 15 千克。均匀撒于地表，然后深耕翻入土中，耙细拌匀，使土、肥充分混合，既能提高肥力，又能改良土壤。也可以在整好畦垄后，在畦垄中间开一条沟，在沟内撒施有机肥和复合肥，再填沟、整平。南方多为酸性土壤，为调节土壤酸碱性，减少病虫害，应添加生石灰，即翻耕土壤前，每亩撒施生石灰 80~100 千克。深耕后翻晒 10~15 天以上（图 6-1）。

图 6-1 整地

土壤充分翻晒后，进行整畦开沟，整地时要深耕细作，土面整平打碎。北方采用平畦或高垄两种栽培形式，一般畦宽 90 厘米左右，沟宽 20~30 厘米；南方多雨地区一般做成 100 厘米宽的高畦，畦高 30~35 厘米，畦间开排水沟 20~30 厘米。

三、铺设滴灌管

畦垄整好后，在畦面上铺设滴灌管，采用水肥一体化管理，一是便于水肥管理、减少浪费，节约劳动成本；二是避免因沟灌、人工浇灌传播土传病害，节约劳动用工。

滴灌管铺整齐之后要开通水试水，如果每个滴孔都均匀滴水则表明是良好的，堵塞的孔不滴水，地面是干燥的。应敲打一下滴灌管孔的周围，仍不通的话应换新滴灌管（图6-2）。

图6-2 铺设滴灌管及试水

四、覆盖地膜

滴灌管铺设完应在畦面上铺上地膜，不仅保温保湿，还可以减少杂草生长，节约劳力，降低成本。

五、打穴

地膜铺好后，根据种植株距，在地膜上面打穴。根据当地气候条件、种植习惯和黄秋葵品种特性，株距40~50厘米。一般黄秋葵叶面积大、叶裂浅的品种株距应该大一些，叶裂深、叶面积小的品种可以适当密植；南方高温高湿地区黄秋葵生长旺盛，叶片较大，容易徒长，株距应该大一点，一般50厘米；北方冷凉气候，黄秋葵叶面积相对小一点，可以适当密植，株距可以小一点，一般20~40厘米。南方热带地区种植密度一般2 000~3 000株/亩，北方地区可适当密植，种植密度3 000~6 000株/亩。

睡面上一般采用双行种植，两行的穴可以打平齐，也可以打成三角形，以增加空间利用率。打穴采用专门的打穴器，使用方便、快速。

第二节　定植

为防止散坨、增加成活率，当幼苗长到3叶1心时，株高约15厘米，根系基本布满育苗盘时即应进行移栽定植。定植应选在晴天的下午，利于缓苗。定植当天早上，苗床应浇透水，便于移栽，防止散坨。定植前，种植田也应浇透水，便于缓苗。

定植时，先用小铲扒开定植穴，然后一手拿苗，另一手用小铲扒开土，苗放到穴内，再用小铲取周围的土覆盖幼苗根部，覆盖深度以露出两片子叶为宜（图6-3）。从育苗盘取苗时，一手把育苗盘托起，另一手捏挤穴盘底部，使苗坨脱离育苗盘，然后一手扶

图6-3 黄秋葵定植苗

67

盘，另一手轻轻拉出幼苗即可（图6-4）。

图6-4 黄秋葵定植操作

第三节 田间管理

一、合理灌水

黄秋葵为连续开花坐果的高产蔬菜，需水需肥量大，因此，整个生育期应肥水充足，以半干半湿为宜。

发芽期土壤湿度过大，易诱发幼苗猝倒病、立枯病。

当幼苗定植后，浇一次定根水，以利成活。以后每3~5天应根据土壤墒情进行浇水。以保持土壤半湿半干状态。幼苗期需水量不大，但应避免土壤过分干旱而延缓幼苗生长发育。苗期结合浇水，可以适当加入普力克或恶霉灵等药剂，以预防立枯病。药水浇灌后，应用清水再浇一次，避免产生药害和残留药剂颗粒堵塞滴灌管。

开花结果期植株长势逐渐增强，气温逐渐升高，叶片蒸腾量也逐渐增大，需水量也渐增，其抗旱能力也相应增加，但这时正值黄秋葵结果旺盛期，应加大肥水管理，结合天气情况，一般4~5天浇一次水，以保持土壤湿润，切忌忽干忽湿，以防产生畸形果。土壤过干过湿都不利于黄秋葵生长。过干会降低植株长势和果实品质，导致黄秋葵早衰。虽然增加水肥后黄秋葵还会继续开花结果，但会影响产量和品质。夏天雨水多，如果积水或湿度过大，加上高温天气，易诱发疫病、霜霉病。因此，遇到雨季应注意及时排水，防止出现涝害，影响黄秋葵产量和品质。

生长后期植株高大，需水量也较多，可酌情浇水。

浇水应在早晨或傍晚进行，避免在中午土温较高时浇水。因为高温遇到冷水会导致土温骤高骤低，使黄秋葵根部受伤害，出现植株萎垂现象。

二、巧施追肥

黄秋葵生育期长达5~6个月，坐果期长，需肥量大，应在施足基肥的基础上巧施追肥。营养生长前期应轻施氮肥，促幼苗营养生长。嫩荚开始采摘后可追施以钾肥为主的速效肥，以保证植株生长旺盛，结荚能力强。若要留种，则可适当增施磷肥，以保证种子的质量。为减少人力物力，追肥结合浇水均采用滴灌系统进行。

移栽1周缓苗后应施一次"提苗肥"，促进幼苗营养生长。每亩追施尿素5千克，对清水1 000千克，进行滴灌。滴灌肥水后应再滴灌一次清水，一是稀释肥水浓度，二是冲洗滴灌管，以防残余肥料渣堵塞滴管喷口。

15~20天后现蕾前，再追施一次壮苗肥，每亩施用三元复合肥 20 千克，尿素 5 千克，对清水 1 000 千克。追肥后同样用清水清洗滴灌管一次。此次追肥宜早不宜晚，太晚追肥，一方面由于幼苗生长缺肥影响生长，另一方面接近开花期施肥，容易造成花芽分化停止而继续营养生长，推迟采收期。

采收 1~2 果之后开始进行追肥，每亩施用三元复合肥 20~25 千克，对清水 1 000 千克。此期追肥宜晚不宜早，一般待 90% 以上植株结果后再进行追肥。如果追肥过早，会使进入生殖生长的植株重新营养生长，推迟采收期。

进入盛果期，结合浇水，每 7~10 天应追施水肥一次。或者采用穴施，隔一株打一穴，每穴施三元复合肥 30 克，施肥后浇透水，15~20 天施一次。

生长中后期，为防止早衰，再追施水肥 1~2 次。

三、中耕除草

定植浇水后应进行培土 1 次，防止幼苗倒伏。培土时，注意幼苗根部四周都要培到土，倒伏的幼苗要扶直，避免幼苗因倒伏在地膜上造成烫伤。

在第 1 花开放前应加强中耕除草，培土可结合中耕进行，适度蹲苗，促进根系发育。

开花结果后，植株快速生长，每次浇水追肥后均要中耕除草。

封垄前再结合中耕除草培土 1 次，防止植株倒伏。

7—8 月进入高温雨季，杂草滋生很快，应及时除草，防止出现草荒。因黄秋葵对除草剂特别敏感，整个生育期应尽量避免使用除草剂，采用地膜覆盖结合中耕除草，基本可以有效控制杂草。

四、整枝打杈

黄秋葵大部分品种以主茎结果为主，前期应及时剪掉侧枝，减少养分损耗，促进主枝发育，利于通风透光。有些品种侧枝分枝能力强，为了能集中上市，以侧枝结果为主，在主枝长到7~8片叶时剪掉主枝和细弱侧枝，留2~4条健壮侧枝。

在生长前期，如果营养生长过旺，可以采取扭叶的办法，即将叶柄扭成弯曲状下垂，以控制营养生长。在生长中后期，对已采收嫩果以下的各节老叶及时剪除，以利于通风透光，减少养分消耗，减少病虫害的发生。

图6-5 黄秋葵大棚种植

图6-6 黄秋葵露地种植

第四节　采收

　　黄秋葵早熟品种一般从第4~8节开始开花结果，采收期可达60~120天。在适宜的温度条件下，花谢后4~6天即可采收嫩果，夏天阳光充足、温度较高，果实会长得快一些，北方秋季或南方冬季的阴雨、冷凉天气会长得慢一些。嫩果采收长度因品种而异，卡里巴、新星五角、五福等品种采收长度一般为8~12厘米，赛瑞特、HK2、TAK II SEED等一般采收长度为10~13厘米，红秋葵一般采收长度为7~10厘米。采收过早，果实没有充分发育，影响产量；采收过晚，果实容易纤维化，失去商品价值。

　　采收期前期，一般2~3天采收一次；采收盛期应每天采收1次；采收后期，一般3~4天采收1次。采收不及时会影响后面的花、果正常生长发育，降低产量。

　　采收时，用剪刀剪断果柄，不要用手直接掰断，以免伤及植株。果柄不要留太长，1~2厘米即可，太长不利于包装，太短容易伤到果实。采收最好在早晨或傍晚进行，采收时不要用力过大，以免伤及果面上的茸毛，从而使果实容易腐烂。黄秋葵茎、叶、果实上都有刚毛或刺，采收时应戴上手套，穿上工作服，否则，刺到皮肤则奇痒难忍。

第七章 黄秋葵栽培方式与栽培模式

第一节 栽培方式

黄秋葵具有顽强的生命力和极强的适应性，年有效积温在27℃的地区均可以种植。黄秋葵的主要栽培方式分为育苗栽培和直播栽培两种。黄秋葵种子的萌发能力较强，根系也比较发达，因此，多数地区以直播栽培方式为主，育苗栽培为辅。育苗栽培和直播栽培两种方式各有优点，育苗栽培种子的用量少，有利于苗期管理，也有利于提早栽培，使货架期提前；直播栽培虽然种子的用量较多，但不用移栽，根部不会受到损伤。

一、育苗栽培

育苗栽培通常比直播栽培提前20~30天，一般在3—4月上中旬的阳畦、拱棚或日光温室内进行。首先要浸种催芽，将黄秋葵种子浸泡于30~35℃的温水中24小时，然后用纱布包好，置于25~30℃的环境中催芽，大约75%的种子露白后便可播种。床土以6份肥沃的菜园土、3份腐熟的有机肥和1份细沙混匀配制而成。整平苗床后浇足底水，将已催芽的黄秋葵种子点播于苗床上，株行距为 10 厘米 × 10 厘米，覆土厚度为 1~2 厘米。白天保持床土温度在 25℃ 以上，夜间保持在 20℃ 以上，3–4 天即可发芽出土。以后白天温度降至 20℃ 以上，夜间保持在 15℃ 以上。如果选用塑料钵、营养袋或育苗盘育苗效果更好。将催芽后的黄秋葵种子播种于营养钵或者营养土块中，每穴 2 粒，覆土 1~1.5 厘米。

当黄秋葵的苗龄在 30~40 天，出现 3~4 片真叶的时候移栽。幼苗移栽的关键是要带土移栽，尽可能的保护黄秋葵的根系不受伤害。如果选择苗床育苗，在移栽起苗时应多带护根土；如果选择营养钵、营养袋、育苗盘育苗，移栽起苗时应保持容器内的土不散开。尽量选用大小一致的壮苗，剔除弱苗、病苗、徒长苗等。定植前 7 天左右进行降温炼苗。定植期应选在终霜期结束后的晴天为宜，株行距为 30 厘米 × 35 厘米，移栽定植后要浇透定根水，利于黄秋葵的幼苗成活。

二、直播栽培

黄秋葵的栽培方式一般以直播为主，根据各地气候的差异，通常选在 3–5 月终霜期结束后，地温达到 15℃ 以上时进行，可采用条播、沟播、撒播或穴播等播种方式。黄秋葵种子的种皮较硬，因此，播种前必须进行播种催芽。种子在 55℃ 的温水中浸泡 30 分钟，再置于常温的清水中浸泡 24 小时，每隔 5~6 小时清洗种子并更换 1 次清水，浸种结束后用纱布包好，置于 25~30℃ 的环境中催芽，一般 24 小时后即可出芽，待 60% ~70% 的种子"破嘴"时即可播种。

选择耕层深厚肥沃、土壤湿度适宜的菜地播种黄秋葵。如选择穴播，应在已做好的畦面上开沟，行距为 40~50 厘米，沟深 3 厘米左右，按株距 30~40 厘米挖穴，每穴中浇透底水，水渗后每穴播种 2~3 粒，覆土 1.5~2.0 厘米，平整畦面，也可覆盖稻草，以利保墒。一般 4~5 天即可发芽出土，为了提早出苗，可覆盖地膜或搭小拱棚，一般可提前 1~2 天出苗。幼苗出土后应及时间苗，若出现缺苗现象应及时补种，待幼苗长到 2~3 片真叶时定苗，每穴保留幼苗 1~2 株。如选择条播，按照行距 33 厘米开浅沟，沟深 3 厘米左右，播种方法及技术同穴播。

第二节　栽培模式

一、露地栽培

黄秋葵的露地栽培模式多采用三种方式，分别为①大小行种植，每畦 4 行，畦宽 200 厘米，大行 70 厘米，小行 45 厘米，株距 40 厘米。②窄垄双行种植，垄宽 100 厘米，每垄 2 行，行距 70 厘米，株距 40 厘米，畦沟宽 50 厘米；若在田边、路旁、河边单行种植，株距 60 厘米，每穴 1 株，利于通风透光。③大田种植，正常起垄，垄宽 65 厘米，株距 70 厘米，每穴 1 株。

1. 选择播期

黄秋葵属喜温性植物，怕霜冻，因此，整个生育期都要安排在无霜期内，开花结果期应处于温暖湿润的季节。南北方都在 4-6 月播种，7-10 月收获。北方寒冷地区通常在保护地内进行育苗，待晚霜结束后定植于露地。

2. 整地作畦

种植黄秋葵的土壤要求土层深厚、松软肥沃、保水保肥性好。黄秋葵忌连作，前茬不能是果菜类作物，前茬蔬菜作物收获后要及时深耕土地，深度为 30 厘米，使土壤疏松，提高保水保肥能力。种植前施足底肥，深翻入土，作畦。

3. 播种育苗

黄秋葵露地栽培多采用直播方式，一般在 3—5 月终霜期结束后，地温达到 15℃以上时进行，多采用条播和穴播的播种方式。播种前需先浸种催芽，待种子露白后播种于已深耕、施足底肥的土壤中。有的地区也采用育苗移栽的方式。

4. 田间管理

黄秋葵出土后进行第一次间苗，去除弱苗；2~3 片真叶时进行第二次间苗，保留壮苗；3~4 片真叶时进行定苗，每穴保留 1 株。幼苗出土后连续进行 2 次中耕，以提高地温；首花开放前加强中耕，有利于根系发育和蹲苗。开花结果后，每次施肥浇水后应进行中耕。封垄前进行中耕培土，防止植株倒伏。黄秋葵的全生育期要求较高的空气和土壤湿度，收获盛期需水量大，应在早上 9 点前或下午日落后浇水，避免伤根；雨季降水多，温度高，易发生淹水烂根现象，应及时清沟沥水。黄秋葵的全生育期内应进行多次追肥，首次追肥为齐苗肥，出苗后施尿素 90~120 千克 / 公顷；第二次追肥在定苗或定植后施用，一般采用开沟撒施的方式，称为提苗肥，200~300 千克 / 公顷的复合肥；开花结果期施用复合肥 200~350 千克 / 公顷；在黄秋葵的生长中后期可以喷施叶面肥防止植株早衰，每隔 5~7 天喷施 1 次，连续喷施 2~3 次。黄秋葵的植株生长旺盛，主侧枝粗壮，叶片肥大，但会导致开花结果延迟，可将叶柄扭成弯曲状下垂，以控制营养生长，促进生殖生长，适时摘心，提高产量；生长前期应防止徒长，中后期及时摘除已采收嫩果以下的老叶，有利于通风透光，降低养分消化，避免病虫害的发生。

5. 采收

黄秋葵的采收期为 60~90 天。花谢 4~5 天后，嫩果长 8~10 厘米，果色鲜绿，种子未老化时是采收的最佳时期。采收最好在傍晚进行，用剪刀在果柄处剪下，嫩果上保留 1 厘米左右的果柄。采收过晚，导致果荚老化，纤维化严重，品质变差。

6. 病虫害防治

黄秋葵的病害较少，但虫害较多。主要病害是病毒病，由蚜虫传播，所以要重视防治蚜虫。主要虫害有蚂蚁、螟虫、地老虎等，应采用生物类农药进行防控防治。如遇连续阴雨季节，黄秋葵的枝叶会出现较多病斑，病斑发生初期，在植株基部附近撒石灰，可防止病害蔓延扩散。

二、保护地栽培

我国很多地区因气候、光照等自然条件的限制，不适宜露地栽培黄秋葵，因此，大棚、日光温室等设施是种植者的首要选择。

1. 品种选择

黄秋葵种质资源丰富，选择适宜的品种是获得高产高品质的首要条件。保护地栽培黄秋葵适宜选用早熟、株型紧凑、绿果型的矮秆品种，例如，五福、清福、绿空、南洋、长绿、绿星、东

京五角、三乡等。

2. 选择适宜保护地，整地作畦

黄秋葵是短日照喜光性蔬菜作物，耐热力强，因此，保护地应选择在通风向阳、光照充足的地方。黄秋葵根系发达，深入土层，吸收水分和肥力的能力较强，耐旱耐湿性强，但不耐涝，忌酸性和强碱性土壤，忌重茬。所以，保护地应选择土壤耕层深厚、肥沃疏松、富含有机质、地下水位低、排水良好、pH 在 6.0~6.8 的土壤，前茬作物不能是茄果类蔬菜。

保护地栽培黄秋葵畦宽一般分为两种，一种是宽畦，宽 200 厘米（包括畦沟或畦埂），窄畦宽 100 厘米，畦沟深约 20 厘米。如地下水位低，排水良好，可作低畦或低床，畦埂高 4~6 厘米。整地前清除前茬作物残骸和杂草，深翻土壤，施足底肥。

3. 播种

保护地种植黄秋葵每年可种 3 茬，分别为"冬春茬""春提早"和"秋延后"。冬春茬一般在 9–10 月播种，12 月至翌年 1–3 月上市；春提早一般在 1–2 月播种，4–7 月上市；秋延后一般在 7–8 月播种，10 月至翌年元月供应市场。浸种催芽及播种方法与露地栽培模式相同。

4. 田间管理

（1）调控温度。保护地栽培黄秋葵的关键环节就是调控温度。黄秋葵育苗定植后，要注意增温促进缓苗，白天为 25~30℃，夜间为 15~18℃；缓苗后降低温度，白天为 25~28℃，夜间为 13~15℃；黄秋葵苗期至初花期，温度应保持在 28℃；初花期至采收结束，适宜温度为 25~28℃，不宜超过 35℃，不能低于 10℃。

（2）肥水管理。冬春茬栽培黄秋葵定植后至第一朵花开放一般情况下不需要追肥和浇水，结荚后开始追肥浇水。此时正是严冬季节，应尽量减少追肥浇水的次数，避免导致地温降低。浇水应在晴天的上午进行，小水流浇水，浇水结束后立即关棚保温，提高地温。同时追施复合肥 20 千克/亩，每隔 15 天追肥浇水 1 次，当气温上升后每隔 5~7 天追肥浇水 1 次。

（3）整枝摘叶。保护地栽培黄秋葵多以矮秆类型的品种为主，如果种植密度大，植株下部会长出很多侧枝，应及早去除；如果种植密度较小，则可剪掉部分弱小的侧枝，保留基部 1~2 个粗壮的侧枝，增加结果枝。植株生长进入盛果期后生长旺盛，应及时去除无效的老叶和残叶，增强通风透光，提高养分利用效率。采收嫩荚后保留果荚下面 1~2 片叶片，其余叶片全部摘除，植株长至 1.2~1.5 米时进行摘心。

5. 适时采收

黄秋葵一般在花谢后 4~7 天，果荚长到 8~10 厘米时采收。温度低时，每隔 3~4 天采收 1 次，温度高时，每天都可采收，最好在每天早上采收。采收时应用剪刀剪断梗部，以免伤害植株。

6. 病虫害防治

黄秋葵植株生长旺盛，抗病虫害的能力较强，在成株期不易发生病虫害危害。但在幼苗期如湿度过大，易患立枯病，可选用五代合剂对土壤消毒，开花结荚期易受红蜘蛛和蚜虫危害，可采取清洁保护地、定植前熏棚、设置防虫网和黏虫板等措施防治蚜虫，也可选用杀灭菊酯等高效低毒农药防治。

三、间作、套作、轮作栽培

间作、套作、轮作是蔬菜作物常用的栽培模式。间作是指在同一块耕地上，两种或两种以上的作物隔畦、隔行或隔株有规则种植的一种栽培制度；套作是指在一种作物生育后期，于行间或株间种植另一种作物的栽培制度。与间作相比，套作时两种作物共同生长的时间相对较短。轮作是指按照一定的生产计划，在同一块土地按照一定年限轮换种植不同种类的蔬菜作物。

黄秋葵的种植忌连作，通常采用间作、套作和轮作的栽培模式避免病虫害的发生。黄秋葵可与大葱、洋葱、韭菜、辣椒、芹菜等蔬菜作物间作，既可以提高土地利用率，又可以使肥料发挥最大作用，提高单位面积的产量和产值。黄秋葵可与草莓、大白菜等作物套作，利用作物的形态与特性，充分发挥植物间的相生相克作用，提高黄秋葵产量，减少病虫害的发生。黄秋葵可与水稻轮作，实现水旱轮作的栽培新模式。春节播种黄秋葵，采收结束后整地、蓄水耕田种植水稻。这种栽培模式既能充分利用土地，提高地力，缓解粮食作物和经济作物争地的矛盾，又能缓解黄秋葵连作产量低、品质差的缺陷。

四、再生栽培

利用蔬菜作物的再生栽培技术，通过对已到结果末期的黄秋葵进行割茎处理，促进植株生长点的更新，进行二次收获。该方法既能节约育苗时间，降低种子成本，又能增加黄秋葵后期的产量，提高种植者的经济收入。

割茎处理的方法是在黄秋葵采摘末期，割掉主茎基部10厘米以上的所有主茎和侧枝。割除颈部的刀必须锋利，保证切口平滑，不要拉丝起毛。要将切割下的主茎、侧枝、落叶、杂草等及时清理，避免病虫害侵染。割茎时间必须在晴天早上进行，在露水干后操作。黄秋葵在割茎处理后，应及时追肥，一般追肥量在 10~15 千克/亩（N：P：K=15：15：15）和尿素 3~4 千克/亩。施肥后及时浇水，保持土壤湿润。

五、容器栽培

容器栽培黄秋葵是新型的种植模式,其目的主要是为了观赏。可以建立袖珍花圃，供市民参观和休闲；建立时尚菜园，供市民采摘鲜果，提供绿色健康的黄秋葵；兼具食用与观赏，把菜园和花圃完美地结合在一起，既可提供绿色健康食品，又可提供休闲漫步、赏心悦目的花园。家庭种植黄秋葵通常选择容器栽培模式，既可以食用新鲜健康的蔬菜，又可以美化庭院、阳台等。

容器栽培的要点如下。

1. 选择合适的品种

黄秋葵品种很多, 应根据种植目的进行选择。若以观赏为主, 应选用茎秆、花及果实颜色鲜艳浓重的中矮秆品种。若以食用为主, 应选择嫩果荚颜色鲜绿、果肉质地纯厚、味道清香的矮秆品种。

2. 选择合适的容器

黄秋葵属于深根系作物，植株高大且生长期较长，适合选择较大的容器栽培，利于根系充分伸展，充分吸收养分。适合栽培黄秋葵的容器主要有盆、钵类，直径在 30 厘米以上，容积大于 20 升，底部需有排水孔；如果选用栽培筐，最好选择密纹网状塑料筐，其透气性优于盆和钵，有利于排水和根系对氧气的吸收，可有效避免烂根现象的发生。但需用双层遮阳纱布铺在栽培筐的内壁和底部，避免营养土流失；桶和箱，体积和深度大于盆、钵和栽培筐，有利于黄秋葵的根系生长，吸收充足的养分，但需在桶和箱的四周及底部钻几个排水孔。选择容器栽培模式种植黄秋葵需要精心管理，严格遵循少量多次的施用肥水原则。

3. 配制营养土

容器栽培黄秋葵要求营养土具有营养丰富、保水保肥能力强、透水透气性好等特点。营养土可以 6~7 份菜园土或腐殖土、1~2 份腐熟的有机肥、2 份黄沙混合而成，忌酸性和强碱性，pH 值保持在 6.0~6.8。在使用营养土前用 400~500 毫升 / 平方米的福尔马林消毒。

4. 适时播种

每 10 千克的营养土加入 200 克的复合肥，充分混匀后装入栽培容器中，体积为容器体积的 80%，放置 1 周后使用。播种黄秋葵可选择直播和育苗移栽两种方式，当土壤温度达到 15℃时便可播种。播种前需进行黄秋葵种子的浸种和催芽，种子萌发后可进行直播或育苗移栽，具体操作方法与大田栽培黄秋葵相同。

5. 容器及植株的管理

黄秋葵是短日照耐热植物，喜强光，因此，栽培黄秋葵的容器应放置于光照充足、通风良好的地方。容器栽培黄秋葵需及时除草，以免养分供应不足；及时松土，防止土壤板结；及时培土，保证植株健康生长。小容器栽培黄秋葵应及时去除腋芽，只保留主茎；较大容器栽培黄秋葵可保留腋芽，增加结果量。当植株长至30厘米时应捆绑竹竿，防止倒伏。在黄秋葵植株生长后期，需及时去除老叶，有利通风透光，营养供应。

6. 肥水管理

容器栽培的黄秋葵多在家里的庭院或阳台，因此追肥多以尿素、液体肥料、复合肥等为主。追肥应遵循少量多次的原则，既有利于防止烧伤植株，又有利于发挥肥效。黄秋葵的整个生长周期都要保持土壤湿润，根据天气情况及植株生长时期和生长状况决定水分用量和浇水周期，也可以配合追肥进行。

7. 病虫害防治

黄秋葵的抗性较强，一般不宜发生病虫害。通常采用物理、化学、生物防治相结合的方法防治病虫害的发生，及时去除病叶、病花和病果。

8. 适时采收

黄秋葵的采收以嫩果为主，当嫩果荚长至8~10厘米时即可采收。若采收过晚，嫩果极易老化、纤维增多、品质变差。采收时间最好选择在早晨，采收时用剪刀剪断果柄，嫩果上要保留1厘米的果柄。

第八章

黄秋葵主要病虫害及其防治技术

黄秋葵抗病抗逆性较强，病害较少，但虫害较多。田间栽培常见的病害有病毒病、疫病、霜霉病；虫害主要有蚜虫、蓟马、白粉虱、棉铃虫、盲椿象等。

第一节 黄秋葵主要病害

一、病毒病

黄秋葵病毒病主要通过蚜虫传播。在高温、干旱、重茬、蚜虫危害严重、植株抗逆性差的情况下容易感染病毒病，也可通过摩擦、打杈、绑架等机械作业时传播（图8-1）。

图8-1 病毒病

1. 主要症状

发病后病叶出现不规则浓绿与黄绿相间的斑驳，植株生长无明显的异常，但严重时病叶略有皱缩，叶脉明晰，植株略矮。

植株染病后全株受害，尤其以顶部幼嫩叶片十分明显，叶片表现花叶或褐色斑纹状。早期染病，造成植株矮小，结实少或不结实。

2. 防治措施

黄秋葵病毒病应以预防为主，防治结合。

（1）合理轮作。前茬作物收获后应及时清除残体病株以及杂草，也可以晒干后就地焚烧，以防带毒传毒。

（2）选择抗病品种。黄秋葵目前还没有专门的抗病毒病品种，可以选用抗病抗逆性强的品种，减少侵染机会。

（3）种子消毒、苗床消毒。播种前种子要进行消毒，以防种子传毒。使用菜园土的苗床也容易传播病毒。为避免苗床传毒，播种前应对苗床进行消毒。

（4）培育无病毒壮苗。幼苗健康健壮，抗病抗逆性就强，不容易感病，因此，培育壮苗尤为重要。

（5）防治蚜虫。由于蚜虫容易传播病毒病，因此，出现蚜虫要及时防治，减少病毒传播。

（6）加强田间管理，灵活调节田间小气候，使温湿度适宜，通风透光性良好，保证植株健壮生长，增强抗病能力。如发现病株应及时带土拔除，并用生石灰或石灰水对坑穴进行消毒，防止病毒蔓延。

（7）在植株发病初期，可用5%菌毒清400~500倍液，或用15%植病灵乳剂1 000倍液，或用20%病毒A可湿性粉剂

500 倍液叶面喷雾，每隔 5~7 天喷 1 次，连喷 3~4 次。

二、疫病

黄秋葵疫病为鞭毛菌亚门疫霉菌侵染所致。疫霉菌寄主范围较广，可以寄生辣椒、茄子、番茄等茄果类和瓜类。空气相对湿度 90% 以上时发病迅速；重茬、排水不良、氮肥使用较多、密度过大、植株衰弱等均有利于该病的发生和蔓延。

疫病主要危害叶片、果实和茎，特别是茎基部最易发生。幼苗期发病，多从茎基部开始染病，病部出现水渍状软腐，病斑暗绿色，病部以上倒伏。

1. 症状

疫病在黄秋葵苗期、成株期均可染病。幼苗期发病，多从茎基部开始染病，病部出现水渍状软腐，病斑暗绿色。成株期主要危害叶片、果实和茎。叶部染病，产生暗绿色病斑；茎部染病亦产生暗绿色病斑，引起软腐，湿度大时病部可见白色霉层；果实发病，初期为暗绿色水渍状不规则病斑，很快扩展至整个果实，果肉软腐。病害严重时可减产 50%。

2. 防治措施

疫病应预防为主，防治结合。

（1）实行轮作。及时清除上茬作物病残体或就地焚烧，减少病害。南方地区可以和水稻轮作，对抑制病菌、改良土壤结构，具有良好效果。

（2）选择抗病品种。黄秋葵目前还没有专门的抗疫病品种，可以选用抗病抗逆性强的品种，减少侵染概率。

（3）种子、苗床消毒。为培育健壮幼苗，播种前应对种子进行消毒，或采用种子包衣剂，以防传毒。另外，播种前还应对苗床进行消毒。

（4）培育壮苗。加强幼苗管理，培育健壮幼苗，增强抗病抗逆能力。

（5）加强田间管理。调控好植株营养生长与生殖生长的关系，促进植株健壮生长，提高营养水平，增强抗病能力。

（6）药剂防治。防治疫病应抓住发病初期，用72% 克露可湿性粉剂500倍液，或用70%恶霉灵可湿性粉剂1 200~1 500倍液，或用64% 杀毒矾可湿性粉剂400倍液，或用69% 安克锰锌可湿性粉剂900倍液，或用58%甲霜灵·锰锌可湿性粉剂500倍液喷雾，每隔7~10天喷1次，交替使用，连续防治2~3次。

三、霜霉病

黄秋葵受周围蔬菜作物的影响，容易感染霜霉病。以成株受害较重，主要危害叶片，由基部向上部发展。田间种植密度过大，土壤、空气湿度过大，排水不良等容易发病。病害严重时可造成20%~40%的产量损失（图8-2）。

图 8-2 霜霉病

1. 主要症状

主要危害叶片。一般在开花结果后，从下部老叶开始发病。发病初期，叶片背面出现水渍状、浅绿色斑点，扩大后受叶脉限制呈多角形，病斑颜色逐渐变深，最后变为褐色。潮湿情况下，叶片背面病斑上可见黑色霉层。

2. 防治措施

（1）实行轮作，改善土壤结构和栽培环境。

（2）选用抗病品种，提高抗病能力。

（3）适当密植，降低种植密度，利于通风透光，降低湿度，减少感染概率。

（4）加强水分管理，采用滴灌系统，科学浇水，防治大水漫灌，雨水天气做好排水，防止积水。

（5）发现病株及时拔除，连根部土壤一同带出田外深埋或烧毁，同时在定植穴撒上生石灰，防止病原扩散。

（6）药剂防治。发病初期可用 72% 克露可湿性粉剂 800 倍液，或用 69% 烯酰·锰锌可湿性粉剂 800 倍液，或用 58% 瑞毒霉锰锌可湿性粉剂 500 倍液喷雾，每隔 7~10 天喷 1 次，交替使用，连续防治 2~3 次。

四、白粉病

如果周围瓜类蔬菜作物感染白粉病，黄秋葵很容易受影响而感染白粉病。一般下部叶片先发病，逐渐向上蔓延，叶片背面霉菌较多，严重时正面也较多。严重影响叶片光合作用，干扰正常新陈代谢，导致植株早衰，造成产量降低（图 8-3）。

图 8-3 白粉病

1. 主要症状

初期叶片背面产生黄色小点,而后发展成圆形或椭圆形病斑,表面生有白色粉状霉层,后病斑变为黄褐色。早期霉斑单独分散,后期连成一个个大的霉斑,甚至覆盖全叶。

2. 防治措施

(1)实行轮作,与叶菜、根菜或小麦、水稻等作物轮作,以减少病源。

(2)选用抗病品种,提高抗病能力。

(3)种子处理,播种前进行种子消毒,杀死致病菌。

(4)加强栽培及肥水管理,保持土壤湿润,保证营养持续充分供给,增强植株抗逆性。

(5)发现病株及时拔除,连根部土壤一同带出田外深埋或烧毁,同时在定植穴撒上生石灰,防止病原扩散。

(6)药剂防治

发病初期,可用15%三唑酮(粉锈宁)可湿性粉剂2 000倍液、或用20%醚菌酯水分散粒剂1 500~3 000倍液、或用40%氟硅唑乳油 6 000~8 000 倍液喷雾，每隔 7~10 天喷 1 次，交替使用，连续防治 2~3 次。

五、根结线虫病

根结线虫是一种高度专化型的杂食性植物病原线虫。由根结线虫危害引起的病害叫根结线虫病，属于土传病害。作物根系被根结线虫撕咬后，易产生伤口，诱发根部病原真菌、细菌的复合侵染，加重危害。主要危害侧根和须根。根部被害后形成球形或不规则形状的大小不等的瘤状物，也叫根结。近年来，随着蔬菜种植面积逐年扩大，受高温、高湿、封闭和连茬等因素的影响，土壤中的根结线虫积聚、增殖，并呈逐年加重的趋势。导致植株发育不良、植株矮小、黄化、萎蔫、畸形等，严重时可导致全株枯死（图 8-4）。

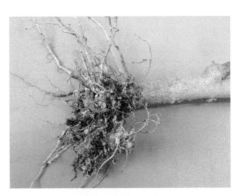

图 8-4 根结线虫病

1. 主要症状

仅危害黄秋葵根部。根部受害后形成大小不等的根结，根量少，粗短，呈不规则状，严重时根系腐烂。瘤状物初为白色，表面光滑，较坚实，后期根结变成淡褐并腐烂。剖开瘤状物可见里面有透明白色针头大小的颗粒，即雌成虫。

发病初期，地上部分没有明显症状。严重时，被害株地上部生长矮小、缓慢、叶色异常，结果少，产量低，甚至造成植株提早死亡。

2. 防治措施

根结线虫病必须严格实行以防为主、综合防治的植保方针，着重抓好农业、物理防治措施，配合化学及生物防治，才能有效地预防其危害。

主要从以下几点进行防治。

（1）植物检疫。黄秋葵生产上以进口品种居多。对新引入的品种，必须经过检疫机构检疫，合格后方可到指定的地点隔离试种，防止境外线虫入侵。

（2）农业防治。选用抗病品种，从源头控制病害发生。

实行轮作。线虫发生多的地块，轮作抗（耐）虫作物，如葱、蒜、韭菜、辣椒、菜花、甘蓝、禾本科作物等或种水生蔬菜，可减少线虫的发生。

选用无虫土育苗，最好用专用育苗基质育苗。

深翻土壤，将表土翻至25厘米以下，促进根结线虫死亡。

增施有机肥、磷钾肥和微量元素肥料，确保植株健康强壮，提高其对根结线虫的抗病性能。

采用滴灌系统，避免因沟灌传染线虫。

（3）物理防治。利用夏季高温、休闲季节，起垄灌水，覆地膜，密闭棚室两周，或利用冬季低温冻垡等可抑制线虫发生。

（4）化学防治。化学防治仍是目前最主要的防治方法。阿维菌素对防治根结线虫效果十分显著，而且安全、无残留、持效期长，不但能控制线虫的危害，而且还可以减少大棚内白粉虱、蓟马、螨虫、地蛆等的危害。具体用法：每亩用1.8%阿维菌素1 000毫升、乐斯本500毫升，对水混用。喷洒地表后，立即翻土定植；或用0.5%阿维菌素颗粒剂3~4千克，定植前穴施。

或者结合整地每亩用0.3千克的3%米乐尔颗粒剂，或用0.3千克的10%力满库，稀释1 000倍，整地后，地面喷洒，隔2~3天后定植。发病初期，用70%五氯硝基苯可湿性粉剂加50%辛硫磷，按1∶1∶1 000倍水淋根，每株淋药0.1千克，每隔7~10天1次，连用2次。

（5）生物防治。除化学防治外，以微生物杀线剂为主打的环境友好型生物防治也逐年成为热点。生物防治的主要优点是安全、促生长、可持续性、改良土壤，但成本较高，不可与杀菌剂混用，对施用技术的要求也较高，因此，生产上使用相对较少。主要生物制剂有以下两种。

厚孢轮枝菌。不添加任何化学物质，无残留，可生产绿色健康产品。纯微生物药剂，虫卵兼杀，一年只需要用一次，省时、省工、更省力。

无线爽。主要成分是复合微生物菌种、蛋白和稀土，可在移栽幼苗时稀释150~200倍蘸根使用。也可以进行灌根，即根据病株情况，取无线爽1 000毫升对水150~200千克，每病株灌0.2千克左右。可有效减轻线虫的发生，并且可以抑制线虫携带的病菌，改善根部的环境。

第二节 黄秋葵主要虫害

一、蚜虫

蚜虫，又叫腻虫、蜜虫，是一类植食性昆虫，属同翅目蚜科蚜属，寄主植物有74科285种，是一种世界性害虫。危害黄秋葵的蚜虫属于棉蚜，主要危害棉花、甜瓜、黄瓜等10余种作物（图8–5）。

图 8–5 蚜虫

1. 主要症状

主要以成蚜、若蚜吸食嫩叶、嫩芽汁液。危害严重的会造成植株生长缓慢、叶片皱缩、产生叶斑等症状。另外，蚜虫对黄秋葵的间接危害是传播病毒病、招引蚂蚁，因此，防治蚜虫是重中之重。

2. 防治措施

发现蚜虫应及时采取药剂防治。可用10%吡虫啉可湿性粉剂1 500倍液，或用3%啶虫脒乳油2 000倍液，或用25%噻虫嗪水分散粒剂6 000倍液，或用50%抗蚜威可湿性粉剂2 000~3 000倍液喷雾。每隔7天喷1次，连续防治2~3次。为避免产生抗药性，几种药剂应交替使用。

二、白粉虱

白粉虱又叫小白蛾，属同翅目粉虱科。寄主植物范围广，是一种世界性害虫。蔬菜中的大部分种类都能受其危害。此外，还危害果树、花卉、牧草、烟草、南药等112科653种植物（图8-6）。

图8-6 白粉虱

1. 主要症状

主要吸食黄秋葵叶片汁液，受害叶片产生退绿黄斑，造成叶片花斑、皱叶，严重影响黄秋葵光合作用与正常生长。由于白粉虱繁殖力强，繁殖速度快，种群数量增值迅速，并分泌大量蜜液，严重时叶片、果实上往往产生煤污病，使果实失去商品价值。

2. 防治措施

（1）大棚内种植，可以利用防虫网隔离外界白粉虱进入，有效控制棚内白粉虱数量。露地种植，有条件的可以在菜地四周和顶部围上防虫网，便于防治。

（2）利用成虫对黄色的趋光性，可用黄板诱捕成虫。根据白粉虱的数量选择黄板的悬挂密度，以每2~3平方米挂1张为宜。一般隔行挂一排黄板，每行隔2~3米挂一张。

（3）药剂防治。由于白粉虱繁殖数量大、速度快，因此，危害初期应进行药剂防治。可用50%氟啶虫胺腈（可立施）3 000倍液加70%啶虫脒5 000倍液，或用2.5%的溴氰菊酯2 000~3 000倍液，或用3%啶虫脒乳油2 000倍液，或用25%噻虫嗪水分散粒剂6 000倍液，每隔7~10天喷1次，交替使用，连续防治2~3次。

喷药时间一般在傍晚进行。喷药时喷头的位置先从植株顶端朝下喷药，再从植株底部向上喷药，叶片两面都要喷到。

三、蓟马

蓟马属于昆虫纲缨翅目蓟马科，主要靠吸取植物汁液为生，是一种杂食性害虫，多在叶脉间或嫩芽或花冠内危害。进食时会造成叶子与花朵的损伤。蓟马一年四季均有发生，喜欢温暖、干旱的天气，生长适温为23~28℃，适宜空气湿度为40%~70%，湿度过大不能存活，当湿度达到100%，温度达31℃时，若虫全部死亡。

1. 主要症状

蓟马以成虫、若虫锉吸危害心叶、嫩芽、花和嫩果，被害叶片背面形成许多细密不规则的淡绿斑点或斑纹，影响叶片正常生理功能；严重时变黄、变褐甚至枯萎。果实受害后，果实面上会长出许多小凸起瘤，失去商品价值。蓟马还可传播植物病毒病（图8-7）。

图 8-7 蓟马危害果实症状

2. 防治措施

蓟马具有繁殖快、易成灾的特点，应该以预防为主，防治结合。

（1）农业防治。加强田间管理，及时清除田间杂草和老叶，并集中烧毁或深埋，不仅减少蓟马寄存范围，而且有利于黄秋葵通风透光，健康生长；加强肥水管理，保持土壤湿润，使黄秋葵生长健壮，增强其抵抗力。

（2）物理防治。利用蓟马趋蓝色的习性，在田间设置蓝色黏板，诱杀成虫。

（3）化学防治。在蓟马初发生期，可用10%吡虫啉可湿性粉剂1 500倍液，或用5%美除乳油1 000倍液加25%阿克泰水分散粒剂2 000倍液，或用2.5%菜喜悬浮剂1 000倍液混加5%阿维吡虫啉1 500倍液喷施，每隔6~7天喷1次，交替使用，连续防治2~3次。

注意事项：

根据蓟马昼伏夜出的特性，建议在晴天的下午用药。

由于蓟马具有趋花性，因此，花前用药效果比较好。

蓟马的隐蔽性强，药剂最好选择内吸性的药剂，或者添加有机硅助剂；尽量选择持效期长的药剂。

如果条件允许，采用药剂熏棚和叶面喷雾相结合的方法效果更佳。

由于蓟马繁殖快，最好提前预防。

四、美洲斑潜蝇

美洲斑潜蝇属于双翅目潜蝇科，俗称"小白龙"。危害茄果类、瓜类、豆类、十字花科蔬菜等110余种植物，为世界性检疫害虫。美洲斑潜蝇适应性强，寄主范围广，繁殖能力强，世代短，成虫具有趋光、趋绿、趋黄、趋蜜等特点。

1. 主要症状

成虫和幼虫均可危害植株。雌成虫以尾针刺伤叶片，形成小白点，并在此处取食汁液和产卵。幼虫潜入叶片和叶柄危害，形成带湿黑和干褐区域的蛇形白色虫道，成虫产卵、取食也造成伤斑。受害严重的叶片表面布满白色的蛇形潜道及刻点，叶绿素被破坏，失去光合作用能力，影响植物生长发育，降低商品价值，从而造成减产（图8-8）。

图 8-8 美洲斑潜蝇危害症状

2. 防治措施

（1）农业防治。前茬作物收获后，及时清理残枝败叶，并集中焚烧或深埋，以减少害虫蔓延。整地时土地要深翻，把地表虫卵翻入深层，造成其死亡。温室、大棚种植要隔离育苗，杜绝带虫苗进入温室、大棚。加强田间管理，及时摘除带虫叶并销毁，阻断其进一步传播。利用地膜覆盖技术，减少虫蛹落入土中或消灭已经落入土中的虫蛹。

（2）物理防治。 利用美洲斑潜蝇对黄色的趋性，在栽培行间挂上黄板，或用废旧材料自制成大小约为 21.5 厘米 ×15 厘米的黄色板条，板条上涂上黏胶，每亩悬挂 30~35 块，高度在黄秋葵植株的中上部为宜，以诱杀成虫。

（3）生物防治。美洲斑潜蝇的天敌有绿姬小蜂、潜蝇茧蜂、双雕小蜂等，可利用天敌减轻虫害。但药剂防治其他病虫害时也会对天敌造成危害，要注意保护天敌。

（4）药剂防治。在虫害发生初期，可用 1.8% 爱福丁（阿维菌素）乳油 5 000 倍液，或 5% 氯虫苯甲酰胺悬浮剂 1 500 倍液（安全间隔期为 2 天），或 10% 烟碱乳油 1 000 倍液，或用 48% 乐斯本乳油 1 000 倍液喷雾。每隔 6~7 天喷 1 次，交替使用，连续防治 2~3 次。

五、棉铃虫

棉铃虫属鳞翅目夜蛾科昆虫，在棉区及蔬菜种植区均有发生。寄主植物有 20 余科 200 多种。一年可发生 6~7 代，以蛹在土壤中越冬，翌年温度在 15℃以上时，成虫开始羽化，有世代重叠的现象。成虫昼伏夜出，白天多栖息在叶背处或植株丛间，傍晚开始活动。有趋光性（图 8-9）。

图 8-9 棉铃虫

1. 主要症状

棉铃虫主要危害黄秋葵的嫩芽、叶片，严重时会危害花和果实。叶片常被咬食而出现不同程度的缺刻，严重时只剩下叶脉和少量叶肉。咬食花朵及嫩果，会导致落花、落果，造成产量严重下降。

2. 防治措施

（1）农业防治。秋季收获完后深翻土壤，消灭越冬蛹，压低第1代虫源；及时打杈、摘除老叶、病叶，把上面的幼虫和卵一起带出田块，烧毁或深埋，可有效地减少虫量。

（2）物理防治。利用棉铃虫成虫对杨树叶挥发物具有趋性的特点，在成虫盛发期剪取0.6~1米长新鲜带叶的杨树枝条，扎成一束，插于田间。每亩插8~10把，每3~5天更换一次，每天清晨露水未干时，用塑料袋套住树枝把，对成虫进行捕杀。

还可以利用棉铃虫成虫的趋光性，在其羽化期用杀虫灯诱杀；也可以在田间挂黄板黏杀。

（3）药剂防治。棉铃虫的药剂防治关键是抓住防治时期。棉铃虫卵孵化盛期到幼虫二龄前，施药效果最好。应掌握在棉铃虫百株虫率达20~30头时开始用药。施药后，如果百株幼虫超过5头，应继续用药。可选用90%敌百虫可湿性粉剂1 000倍液，或棉铃虫核型多角体病毒600~800倍液，或用5%甲氨基阿维菌素苯甲酸盐2 000倍液，或用20%氰戊菊酯乳油1 500倍液+5.7%甲维盐水分散颗粒剂2 000倍液组合喷杀幼虫，或用40%菊马乳油2 000~3 000倍液喷杀，不仅能杀幼虫，还有杀卵效果。间隔6~7天喷一次，交替使用农药，连续防治2~3次。

六、盲椿象

棉盲椿属半翅目盲椿科，主要危害棉花、黄秋葵、豆类和玉米等作物，喜在荫蔽、湿度高的环境下活动。白天隐蔽，早晚出来活动，阴雨天则整天出来活动。降水量大、田间湿度高有利于盲椿象的发生。

成虫以口针刺吸植株汁液危害，主要危害嫩叶、幼芽、幼嫩花蕾，造成蕾铃大量脱落与破碎花叶和丛生枝叶（图 8-10）。

图 8-10 盲椿象

1. 主要症状

盲椿象成虫、若虫以口针刺吸黄秋葵汁液，主要在黄秋葵生长中后期危害叶片、嫩芽、花蕾及果实。顶芽受害后皱缩，不能正常展开；叶片受害不均匀失绿或变黄褐色，影响叶片正常生理功能；花蕾受害出现锈斑或变成黄褐色，花不能正常开放，影响坐果，或落花落果；果实受害，表面出现斑痕，失去商品价值。

2. 防治措施

当温度达 15℃以上、湿度高于 60% 时，虫卵开始孵化，一龄、二龄若虫期是盲椿象防治的关键时期。可用 90% 敌百虫晶体 800~1 000 倍液，或用 10% 吡虫啉可湿性粉剂 3 000 倍液，或

用 5% 高效大功臣乳油 3 000 倍液，或用 0.9% 虫螨克乳油 2 000 倍液喷雾，间隔 6~7 天喷一次，交替使用农药，连续防治 2~3 次。

喷洒药液时，一定要叶片正反两面都要喷到，特别是被害植株叶片、茎秆及地面周围裂缝都要喷到。以晴天下午为喷药最佳时间。

第九章　黄秋葵贮藏与加工

第一节　黄秋葵的贮藏

　　黄秋葵的采收时期多集中在高温季节，此时天气炎热，温度多在28℃以上。黄秋葵嫩果的表面积较大，皮薄，气孔发达，呼吸作用较强，如果采收后处理不当，极易失水软化和纤维化，品质变差，失去商品性；2~3天即可完全萎蔫直至腐烂，短暂的保鲜期给运输、销售、贮藏、加工带来了极大的困难。因此，适宜的采后处理和贮藏方法是延长黄秋葵食用品质和货架期的重要措施。

　　黄秋葵保鲜最有效手段是低温，采收后的黄秋葵必须迅速冷却到15.6℃以下，然后贮藏在10.8℃以下的低温和相对湿度95%的高湿环境中，可防止黄秋葵萎蔫和纤维化。用水冷法预冷黄秋葵容易导致其出现斑点，影响外观品质。因此，在生产中保鲜黄秋葵一般不采用此方法。为了避免黄秋葵在贮藏和运输的过程中过度失水，一般在预冷前需先喷洒一层水分，真空预冷的方法是切实可行的，通常将预冷后的黄秋葵贮藏在7.2~10.8℃的环境中。若将黄秋葵贮藏在4.4℃以下的环境中，会发生冷害现象，使黄秋葵嫩果荚的表面出现凹陷，严重影响外观品质。气调结合低温是十分有效的贮藏方法，也在蔬菜的保鲜贮藏中广泛应用，通常认为此方法在降低新鲜蔬菜的呼吸速率和保持果实品质和风味方面是特别有效的，最重要的是不会遗漏任何的有害物质，具有安全、健康、高效等特点。

印度 Mysore 中央食品技术研究所的研究结果表明，黄秋葵的货架期能在 11.1~12.8℃、5%~10% 的 CO_2 的环境中延长一周，如果 CO_2 浓度过高则产生刺鼻的异味，而且这个异味会持续充斥在黄秋葵的整个烹饪过程中。美国农业部 Johnson 的研究发现，将黄秋葵贮藏在 7.2℃ 和相对湿度 10%~20% 的环境中，可以保持其外表新鲜翠绿，避免褪色。利用气调贮藏的保鲜方法，将黄秋葵贮藏在 10~11℃、O_2 含量为 5%、CO_2 含量为 10% 的环境中，果荚中的可溶性蛋白质、总糖、氨基酸、总固形物和叶绿素的含量均保持在较高的水平，柠檬酸、抗坏血酸和苹果酸含量的下降速率明显降低，乙烯的释放量在最初的几个小时急剧上升，但之后则趋于平稳，保持在同一水平。

用打孔的薄膜预先包装黄秋葵，既可避免黄秋葵由于失水造成的萎蔫，又可避免对柔嫩脆软的果荚造成物理损伤。不同的预包装材料影响新鲜黄秋葵的贮藏寿命，将黄秋葵果荚包装在 100~400 目的 PE 薄膜中，在 32℃（±2℃）的室温环境中可贮藏 9 天，包装在 400 目的 PE 薄膜中，黄秋葵的保鲜寿命最长，没有包装的黄秋葵仅可以保鲜 2~3 天，而且经过预包装的黄秋葵果荚中的叶绿素含量明显增多。

生长延缓剂和腊乳均能延长黄秋葵的保鲜期和货架期。将黄秋葵浸泡在 100 毫克/升的矮壮素（CCC）或比久（B9）中 10 分钟，然后浸泡于 12% 的腊乳中 1 分钟，再用纸袋装好，贮藏在室温的环境下可以保鲜 3 天，贮藏在 10℃ 的环境下可以保鲜 12 天。

形态素也可以应用于黄秋葵的贮藏保鲜。施用形态素的短时间内就可以使其降解，不会留下任何的有毒物质，它的安全性使其成为良好的保鲜剂。经过形态素处理的果实，其重量和可溶性糖含量的损失率明显降低，叶绿素的降解速度放缓，增加了酸度，采前处理使果实的氨基酸含量增加，但采后处理则使氨基酸含量降低。

第二节　黄秋葵的加工

保鲜难、货架期短是制约黄秋葵产业发展的瓶颈。为了解决这一难题，促进黄秋葵产业的均衡发展，发挥黄秋葵的营养和保健作用，黄秋葵的深加工产品的开发就显得尤其重要。黄秋葵的深加工产品主要分为佐餐食品、休闲零食、保健品、食品添加剂等。

一、佐餐食品

1. 黄秋葵净菜

黄秋葵从采摘、运输、贮藏到进入市场消费，经历了漫长的时间。不经保鲜处理的黄秋葵会因损伤、病菌污染等变质腐败，纤维化严重，通常情况下 4~5 天后失去食用价值，给种植者、销售者造成了不可避免的经济损失，同时也会带来严重的环境污染。

黄秋葵的净菜加工品既可以避免上述问题，又可以填补保健蔬菜净菜加工的空白，为消费者提供安全、健康、卫生的蔬菜消费品。

黄秋葵净菜加工流程：

黄秋葵嫩果荚→50毫克/升的NaClO溶液浸泡、减菌10分钟→2.6毫克/升的臭氧水漂洗1~2次，杀菌率可达99%→3%微脱水处理，降低呼吸强度，保持感官色泽→O_2含量5%，CO_2含量10%，200克装袋包装→（6±1）℃冷藏。

黄秋葵嫩果荚→0.3%的$CaCl_2$溶液钙处理30分钟，降低果胶分解速度，保脆效果明显→O_2含量5%，CO_2含量10%，200克装袋包装→（6±1）℃冷藏。

2. 速冻黄秋葵

黄秋葵的采收时间和其本身的特性，鲜嫩的果荚极其不耐贮藏，再加上黄秋葵对温度和保鲜剂又极其敏感，很容易造成损伤而腐败变质。如果直接将黄秋葵嫩果置于冷库中贮藏，又容易造成冻伤，严重影响保鲜效果和销售。因此，速冻黄秋葵是保持黄秋葵品质和货架期的最佳选择之一。

速冻黄秋葵的加工过程：

挑选高品质的黄秋葵嫩果→整理→清洗→晾干→药物浸泡（2.0%的NO–羧甲基壳聚糖、25毫克/毫升的6–BA和0.1克/千克 脱氢醋酸钠混合制成的保鲜剂和脱乙烯剂）→漂烫0.5~1分钟→沥干预冷→包装，最佳厚度0.02毫米，袋上打孔径为0.1毫米孔，孔距为5.0厘米→速冻→1~3℃冷藏。

3. 黄秋葵罐头

黄秋葵罐头保留了黄秋葵本身的色泽，而且口感脆嫩，营养价值丰富。罐藏后的黄秋葵汤汁清亮，脆嫩顺滑，保质期可长达18个月，很好地克服了黄秋葵保鲜期短、贮藏难等问题。

黄秋葵罐头的制备过程：

精选黄秋葵嫩果荚→去蒂→洗净→用 1% 的 Na_2CO_3 进行碱液处理→85~95℃热水烫 2~3 分钟，加入保绿组合液（200 毫克 / 千克的 $CuCl_2$ 和 200 毫克 / 千克的 $ZnCl_2$），保持黄秋葵本身的鲜绿和脆嫩的品质→真空硬化、保脆，1.4% 海藻酸钠 60℃浸透，0.5% 氯化钙 60℃浸透→漂洗→包装→抽真空密封→121℃杀菌15~20 分钟→冷却→成品。

二、休闲零食

黄秋葵酸奶是一种新型的保健饮奶，具有增强免疫力、抗疲劳、延缓衰老等作用，是胃病患者、消化不良者和运动员等特殊人群的最佳营养食品，也是现代消费者青睐的保健食品。黄秋葵酸奶色泽淡绿，表面光滑，口感细腻，凝乳结实、清香协调、风味纯正，深受广大消费者欢迎。

黄秋葵酸奶的制备过程如下。

1. 发酵剂的制备

乳粉和水 1 : 8 混合→115℃高压灭菌 15 分钟→自然冷却到42℃→将干粉菌种（直投式）按照 1%~2% 的比例加入→42℃培养4 小时→得到发酵剂母液→4% 比例接种至已灭菌的调配液中发酵。

2. 黄秋葵汁液的制备

成熟黄秋葵果荚→去蒂→洗净→90℃预煮 5 分钟→打成匀浆→胶体→60 目过滤→黄秋葵汁液。

3. 水合奶液的制备

将奶粉加入纯净水（50℃）中，高速剪切搅拌均匀；将准备好的奶液95℃预杀菌150秒，降温至50℃，停止搅拌，静置30分钟，此工艺称为水合，有利于奶液中的蛋白质和脂肪充分吸水复原，提高奶液胶体的稳定性。

4. 稳定剂的准备

明胶：黄原胶：果胶：耐酸CMC=1：0.5：0.25：0.25（Gelatin：Xanthan：Pectin：Acid CMC=1：0.5：0.25：0.25），总添加量为0.2%。

5. 调配

将蔗糖和稳定剂的混合物溶解于纯净水中，加热至95℃，保温10~15分钟，灭菌后备用；将水合的奶液、糖浆用胶体磨混合均匀；最后加入黄秋葵汁液，搅拌均匀。调配后的乳浓度为10%左右。

6. 酸奶的工艺流程

调配原料（50℃工艺热水，加入8%黄秋葵汁液、7%白砂糖、稳定剂、奶液）→1 000~1 500转/分钟高速剪切→80目过滤→60~65℃预热→22兆帕均质→95℃杀菌5分钟→室温冷却至43℃→无菌条件下接种发酵剂→装罐→封口→42℃保温发酵4小时→4℃冷藏后熟8~12小时→检验品质→制成成品。

三、保健品

1. 黄秋葵保健果冻

随着人们生活水平和保健意识的增强，黄秋葵果冻作为一种兼具保健作用的休闲食品越来越受到重视。黄秋葵果冻以其嫩绿的色泽，清新的香味，晶莹剔透的外观，软滑的口感，具有很大的市场潜力。

黄秋葵果冻的制备过程如下。

（1）黄秋葵汁液的制备。精选黄秋葵嫩果荚→去蒂→洗净→85~95℃热水漂烫 1.5 分钟→立即置于冷水中漂洗 0.5 分钟使其冷却→搅拌成匀浆（料和水的比例为 1 ：4）→过滤→得到黄秋葵汁液，备用。

（2）胶液的制备。0.9% 卡拉胶和魔芋胶的混合胶（二者比例为 58 ：42）、4% 异麦芽低聚糖、5% 白砂糖、脱脂乳粉混匀→缓慢加入温水中（45℃左右），边加边搅拌，防止结块→置于 50℃的恒温水浴锅中，保证胶粉充分吸水、溶胀→将胶液加热至沸，并保持 5~10 分钟→乳白色的混合糖胶液，备用。

（3）调配、煮沸、过滤。预溶后的 0.1% 柠檬酸和 25% 的黄秋葵汁液加入至混合糖胶液→置于电炉上，煮沸 30 秒，使基质融合→趁热过滤（两层滤布），除去杂质及泡沫。

（4）灌装、灭菌。消毒果冻杯→趁热灌装滤液→封口→85℃恒温水浴杀菌 15 分钟→立即置于冰水中冷却至 25℃，最大限度地保持黄秋葵果冻的色泽和风味。

2. 黄秋葵保健茶

黄秋葵富含保健成分，营养价值高，是保健品的理想营养源，经过物理手段和科学方法加工而成的黄秋葵保健茶，具有汤色明亮，香味怡人，口感独特，饮用方便，营养丰富等特点，是老少皆宜的养生佳品。

黄秋葵保健茶的制备过程如下。

黄秋葵嫩果采摘→去蒂→洗净→150℃杀青8分钟→70℃热风烘干，使黄酮含量和感官品质保持最佳→粉碎→小袋包装→黄秋葵保健茶成品。

四、食品添加剂

黄秋葵食用胶是天然的新型亲水胶体，主要是由阿拉伯糖、半乳糖、鼠李糖等组成的多糖与蛋白质形成的共价复合物。黏度高、乳化性强、保湿性和悬浮稳定性好等是黄秋葵胶体最有利的特点，可作为理想的天然食品添加剂应用于饮料、面制品、肉制品、乳制品、工业等的生产加工领域。

黄秋葵食用胶的制备过程：

新鲜黄秋葵果荚→去蒂→洗净→切碎→调成匀浆→纯净水浸提→离心，去除不溶成分→过滤可溶成分→用28.5%~45.0%的乙醇沉淀（该组分包含75%的中性糖，亦是黄秋葵黏胶的主要成分）→离心，收集沉淀→真空干燥→得到褐色的黄秋葵胶状物。

上述过程得到的黄秋葵胶状物既是一种糖蛋白，也是一种很好的钙盐，将其溶解于小体积的冷水中，在蒸馏水（20倍体积）中透析2天，每天更换蒸馏水3~4次，再经过冷冻干燥，即可得到黄秋葵粗多糖，其主要富含约40%半乳糖、27%鼠李糖、24%半乳糖醛酸及少于4%的蛋白质。进一步将冷冻干燥后的粗多糖溶于蒸馏水，用鞣酸去除多余蛋白质，然后分别用20% H_2O_2 和1%活性炭脱色，浓缩后过微晶纤维素柱，以蒸馏水为洗脱液洗脱，浓缩洗脱液，再用体积比为1：4的水–乙醇混合液重结晶，干燥后即得到白色粉末状的黄秋葵多糖精制品。

第十章　黄秋葵化学成分及药理作用

第一节　黄秋葵的化学成分

黄秋葵的各部位都含有半纤维素、纤维素和木质素。嫩果中含有丰富的蛋白质、维生素、游离氨基酸、碳水化合物、铁、钾、钙、磷、锌、锰等矿物质元素，以及由多糖、果胶等组成的黏性物质。黄秋葵的主要化学成分有蛋白质、氨基酸、脂肪、黏液物质、维生素、微量元素、黄酮类化合物、甾醇类化合物等。

一、蛋白质和氨基酸

黄秋葵中富含多种蛋白质和氨基酸，主要分布在黄秋葵籽中，嫩荚中二者的含量较少。黄秋葵嫩荚果中的蛋白质含量约2.5%，而黄秋葵籽中的蛋白质含量高达23%~25%。黄秋葵的嫩荚中还含有少量的糖蛋白，是与多糖结合形成的大分子化合物，具有保健功能。黄秋葵籽和籽饼中含有18种氨基酸，分别为苯丙氨酸、天冬氨酸、蛋氨酸、丝氨酸、赖氨酸、缬氨酸、脯氨酸、酪氨酸、亮氨酸、异亮氨酸、苏氨酸、谷氨酸、组氨酸、精氨酸、色氨酸、丙氨酸、胱氨酸、甘氨酸，其中包含了人体所必需的8

111

种氨基酸，而且组氨酸和精氨酸的含量极为丰富。这两种氨基酸是维持婴幼儿及老年人正常生理功能所必需的，也是其他谷物的限制性氨基酸。

二、脂肪

黄秋葵种子中含有较高的油脂，可作为一种新型的油脂资源加以利用。黄秋葵种子中的脂肪含量为15%~19%，经高温处理后可提取秋葵籽油，供食用或工业用。黄秋葵种子中包含了人体中必需的脂肪酸，组成以及含量分别为亚油酸30.8%、棕榈酸30.6%、油酸23.8%、硬脂酸4.2%、花生酸0.6%、棕榈油酸0.5%、亚麻酸0.3%和豆蔻酸0.2%，其中亚油酸含量最高。亚油酸是人体的必需脂肪酸，由于人体自身合成亚油酸的量远远无法满足于人体所需要的脂肪酸，甚至人体不能合成亚油酸，因此秋葵籽经过加工处理后可满足人体需求。黄秋葵种子中的饱和脂肪酸、单烯酸及多烯酸的成分含量比例为0.9:0.6:1，接近世界卫生组织和联合国粮农组织推荐的食用油理想模式，即脂肪酸、单稀酸和多稀酸的比值为1:1:1。黄秋葵种子中的脂肪成分比例适宜，营养均衡，因此它是营养价值较高的植物油来源。

三、黏液物质

黄秋葵嫩荚中含有一种丰富而特殊的物质——黏液物质，其主要是由阿拉伯聚糖、半乳聚糖、果胶类多糖及少量糖蛋白混合而成。这种黏液物质在医药方面通常作为润肤剂、镇静剂和止痰剂使用，可帮助消化，防止便秘，治疗胃炎、胃溃疡，保护肠胃和肝脏,抗疲劳等;可用作护肤品,能使皮肤润滑、细嫩、白皙,具有排毒养颜的作用;可以代替血浆用,能在激烈的流动中减少流体阻力,稳定泡沫和悬浮;在食品行业中的应用主要被用作增加冷冻奶制甜品的稳定性,亦可作为脂肪的替代品。

黄秋葵果荚中富含的这种特殊黏液物质可用来制备Lepidimoide。这是一种类似于天然荷尔蒙的物质,它可以调控植物的各种生理效应,是新型的植物激素促进型互感作用物质。该物质广泛存在于植物的种子,当种子萌发时通过胚根分泌,影响微生物或其他生物生长。

四、维生素

黄秋葵中富含维生素 A、维生素 B_1、维生素 B_2、维生素 C。维生素 A 有利于保护视力,维生素 C 具有抗氧化的作用。此外,β-胡萝卜素和叶黄素的含量也较多,不但能够提供营养元素,也是天然色素的重要资源之一。

五、微量元素

黄秋葵的种子和蒴果皮均含有钙、镁、锰、铜、锌、铁等微量元素,且种子中的含量远远高于蒴果皮。这些微量元素均是维持人体健康必不可少的矿质元素。锌、硒能增强人体防癌及抗癌的能力;锰是许多酶反应的辅助因子,超氧化物歧化酶就是含锰的金属酶,它能够减少氧化剂对肺组织的损伤,因而保护肝肺组织。中医理论认为,补肾中药含有较高含量的锌、锰,黄秋葵可成为补肾良药的选择之一。

六、黄酮类化合物

黄酮类物质是一种天然的有效活性成分，具有抗氧化、提高机体免疫力及对内分泌系统影响等多种生物学功能。黄秋葵嫩果中的黄酮含量约为 2.8%，老果中约为 1.5%，在常见的果蔬中居于较高水平。目前已从黄秋葵中分离鉴定出 12 种黄酮类化合物，分别为槲皮素 -3-O- 二葡萄糖苷、杨梅黄素 -3-O- 葡萄糖苷、槲皮素 -3-O- 芸香糖苷、槲皮素 -3-O- 葡萄糖苷、异鼠李糖 -3-O- 葡萄糖 - 戊糖苷、槲皮素 -3-O-（丙二酰基）葡萄糖苷、杨梅黄素 -3-O- 鼠李糖苷、4,5,7- 三羟基黄酮、槲皮素、quercetin 3-0-xylosyl (l"' → 2") glucoside、quercetin 3-0-glucosyl (l"' → 6") glucoside、quercetin 3-0-glucoside、quercetin 3-0-(6"-O-malonyl)-glucoside、(–)-epigallocatechin。

七、甾醇类化合物

植物甾醇具有抗炎、降低胆固醇、抗癌、促进伤口愈合、增生肌肉、增强毛细血管循环、阻止胆结石形成等作用。此外，植物甾醇还是重要的甾体药物和维生素 D_3 的生产原料。目前从黄秋葵中分离鉴定出的甾醇类化合物共有 24 个，分别为 23(Z)- 环阿尔廷烯 -3β、25- 二醇 (1)、环阿尔廷 -25(26)- 稀 -3β、24- 二醇 (2)、麦角甾 - 7,22 - 二烯 -3β- 醇 (3)、6β 羟基豆甾 -4- 烯 -3- 酮 (4)、6β - 羟基豆甾 -4,22- 二烯 -3- 酮 (5)、3β 羟基豆甾 -5- 烯 -7- 酮 (6)、3β - 羟基豆甾 -5,22- 二烯 -7- 酮 (7)、5a,6a- 环氧麦角甾 -8(14),22- 二烯 -3β,7a- 二醇 (8)、豆甾 -5- 烯 -3β,7a- 二醇 (9)、豆甾 -5,22- 二烯 -3β,7a- 二

醇 (10)、豆甾 -4- 烯 -3β,6β - 二醇 (11)、豆甾 -4,22-
二烯 -3β,6β - 二醇 (12)、豆甾 -5- 烯 -3β,7β - 二
醇 (13)、豆甾 -5,22- 二烯 -3β,7β - 二醇 (14)、啤酒甾醇 (15)、
β- 胡萝卜苷 (16)、麦角甾醇过氧化物 (17)、β- 谷甾醇 (18)、
豆甾醇 (19)、羽扇豆醇 (20)、豆甾 -4- 烯 -3,6- 二酮 (21)、豆
甾 -4,22- 二烯 -3,6- 二酮 (22)、豆甾 -4- 烯 -3- 酮 (23)、豆甾
-4,22- 二烯 -3- 酮 (24)。

八、核苷酸

核苷酸，一类由嘌呤碱或嘧啶碱、核糖或脱氧核糖以及磷酸
三种物质组成的化合物，又称核甙酸，具有促进血液循环、改善
大脑机能、抗疲劳、抗辐射、促进新陈代谢、抗炎、增强体质、
提高免疫力等作用，常被用作食品添加剂、医疗医药、母婴用品
等。黄秋葵中已分离鉴定出 13 中核苷酸，分别为 3'- 脱氧腺
苷 (1)、尿嘧啶 (2)、尿嘧啶核苷 (3)、尿嘧啶脱氧核 (4)、腺嘌呤
(5)、腺嘌呤核苷 (6)、鸟嘌呤脱氧核苷 (7)、鸟嘌呤核苷 (8)、次黄
嘌呤 (9)、3'- 脱氧次黄苷 (10)、胸腺嘧啶脱氧核苷 (11)、次黄
嘌呤核苷 (12)、黄嘌呤 (13)。

第二节　黄秋葵的药理作用

我国明代《本草纲目》对黄秋葵有如下记载：黄秋葵根、茎、
花、种子均可入药，其性味甘、寒滑，入心、肺、肾、胃、肝及

膀胱，可治脾虚乏力、肠燥便秘及恶疮、痈疖等病症。其根利水消肿，治淋病、乳汁不通；散疲解毒，治痈疮、腮腺炎、疮疗痔疮；清肺止咳，治肺热咳嗽。种子补脾健胃，治消化不良、不思饮食；活血续骨，治跌打损伤、骨折。近代药理研究表明，黄秋葵具有广泛的活性作用，如抗癌、降血脂、降血糖、抗疲劳，提高机体免疫力，抗氧化活性、保护肠胃和肝脏、减少肺损伤，滋阴补阳等。

一、抗癌作用

《中华本草》记载，黄秋葵具有清热解毒、祛腐生肌、抽脓排毒、利水消肿、抑制癌细胞生长等功效，还具有治诸多恶疮的功效。中医学认为恶性肿瘤主要由于个体血癌、气滞、正气亏虚所致。黄秋葵多糖组分对人体肿瘤细胞增殖具有抑制作用，可以抑制癌细胞的生长，降低细胞存活率，并且抑制效果与多糖浓度存在依赖关系。黄秋葵还有缓解淋巴癌扩散及治疗皮肤癌的功效。

二、降血脂、降血糖作用

人体肝脏能够合成胆酸并将其分泌到消化道内，胆酸与食物相结合，会阻碍胆酸重吸收回到血液，促使胆固醇分解转化成胆酸，从而降低人体内胆固醇含量，降低血脂。体外实验中发现，黄秋葵的含糖组分能够抑制幽门螺旋杆菌吸附人体的胃黏膜，经过分离纯化的多糖可以与胆酸结合，这种结合能力既与多糖成分有关，又与多糖的复杂结构相关。与许多蔬菜相比，黄秋葵纯化的多糖组分有较强的结合胆酸的能力，富集了结合胆酸的有效成分，进而能够降低人体内血脂和胆固醇含量。

研究表明，从黄秋葵嫩果荚中分离出来的黏液物质有降血糖的作用，主要因为含有重复的 $(1 \to 4)$-[O-β-(D-吡喃葡萄糖基醛醛酸)-$(1 \to 3)$-O-a-(D-半乳糖基糖醛酸)-$(1 \to 2)$-O-a-L-鼠李糖主链。

大量研究表明，黄秋葵的果皮和种子也具有抗糖尿病、抗高血脂的潜能。

三、抗疲劳作用

剧烈运动后血乳酸水平能反映机体的疲劳程度。因为激烈运动后，糖无氧酵解增加，血乳酸含量升高。研究表明，黄秋葵的水提液能够提高小鼠的耐力、耐寒、耐热、耐缺氧能力，降低血乳酸水平，具有抗疲劳的作用，也可以促进小鼠在应激状态下的生存能力，对疲劳恢复、抗疲劳能力均有促进作用。

四、提高机体免疫力

锌元素是多种酶的活性中心，缺乏锌可导致人体的免疫功能下降，而机体免疫力异常是引起小儿反复呼吸道感染的重要原因之一。此外，锌可通过 IL-2 系统介导引起淋巴细胞活化，提高儿童的机体免疫功能，减少呼吸道感染和哮喘发病频率。黄秋葵中富含微量元素锌，因此，食用黄秋葵可以补充人体所需的锌元素，提高机体的免疫能力。

五、抗氧化活性

生物化学的相关研究发现，黄秋葵中的酸类物质具有分解 ABTS 离子，清除 DPPH、氢氧根和过氧化物自由基、抑制 LDL

氧化作用，螯合二价铜离子、减少三价铁离子的作用。研究者通过对黄秋葵多酚组成和抗氧化活性的分析，发现黄秋葵具有抗氧化、清除自由基的潜在能力。抗氧化成分主要为槲皮素衍生物和表没食子儿茶精，其中四个槲皮素衍生物对抗氧化活性的贡献最大，占70%，它们分别是槲皮素 3-O- 木糖基 (1''→2'') 葡萄糖苷、槲皮素 3-O- 葡萄糖基 (1''→6'') 葡萄糖苷，槲皮素 3-O- 葡萄糖苷和槲皮素 3-O-(6''-O- 丙二酰基)- 葡萄糖苷。

六、保护肠胃和肝脏

黄秋葵嫩荚果中富含的黏性物质，能够减少人体内的毒素、降低胆固醇和血糖含量，促进废物排出体外。这种黏液可以促进消化、促进胃肠蠕动，润滑肠道、预防便秘、保护胃黏膜。因此，经常食用黄秋葵，可以减少肝肺损伤，防止肝肾胶原病和中结缔组织萎缩病症的发生，促进胆固醇排泄，有效的治疗胃炎、胃溃疡、保护肝脏和肠胃等。

七、减少肺损伤

黄秋葵种子中微量元素锰的含量位居第二，锰是许多酶反应的辅助因子，含锰的金属酶有精氨酸酶、丙酮酸羧化酶、超氧化物歧化酶等，特别是超氧化物歧化酶能减少氧化剂对肺组织的损伤，从而延缓哮喘病程的进展。

八、滋阴补阳

黄秋葵被称为"植物伟哥""绿色人参"，经常食用具有滋阴补阳的功效。黄秋葵的黏液物质是一种天然的荷尔蒙，可以控制植物的生理反应，广泛存在于植物的种子中，是新型的植物生长调节物质，简称 LM，亦是寡糖类生物活性物质。除此以外，黄秋葵富含蛋白质类物质和微量元素锌，锌是人体合成精子和精液重要的元素，如果体内缺锌会导致阳痿。加拿大已有公司率先以黄秋葵为原料，开发出壮阳保健产品，该产品已在我国市场销售。

九、其他保健功能

黄秋葵具有保护皮肤黏膜的作用，能够增强皮肤的弹性，提高机体免疫力与抵抗力。黄秋葵黏液物质中的棕榈酸和硬脂酸成分具有很好的抗菌作用。黄秋葵的鲜果可以治疗溃疡，这种保护作用的机制是形成屏障和抑制酸的分泌。黄秋葵中富含丰富的维生素 C，可增强皮肤弹性，具有美白、褪黑的功效。黄秋葵还可以治疗烧伤和烫伤。

第十一章 黄秋葵食用方法

黄秋葵是优质的保健蔬菜之一，富含果胶、牛乳聚糖、铁、钙、黏蛋白、多糖和黄酮类物质、维生素等营养成分，具有助消化、保护胃黏膜、治疗胃炎和胃溃疡、预防贫血、保护视力、消除疲劳、增强体力、强肾补虚等作用。黄秋葵以其独特的风味深受广大消费者的欢迎，适宜人群广泛，老少皆宜，特别适合运动员、青壮年、爱美女士、职场男士等人群。黄秋葵的食用方法很多，可以炒食、凉拌、蒸煮、煎炸、煲汤等。

一、炒食

1. 秋葵炒番茄（图 11-1）

主料：秋葵 350 克，番茄 200 克。

调料：大蒜、盐、鸡精。

做法：

将黄秋葵洗净，斜切成块；番茄切成小块，大蒜切片，备用。

锅里放油，中火加热，放入蒜片炒香，放入黄秋葵和番茄翻炒。

图 11-1 秋葵炒番茄

2~3 分钟后放入盐和鸡精，翻炒至秋葵变软即可出锅。

2. 清炒黄秋葵（图 11-2）

主料：黄秋葵 350 克。

调料：盐、鸡精、料酒。

做法：

黄秋葵洗净，对半切开，切段，备用。

热锅入油，倒入黄秋葵翻炒片刻，加入料酒，中火焖 15 分钟左右。

图 11-2 清炒黄秋葵

加入盐和鸡精调味，出锅。

3. 秋葵炒蛋（图 11-3）

主料：黄秋葵 300 克，鸡蛋 2 个。

调料：色拉油、食盐、红椒。

做法：

黄秋葵洗净切片，鸡蛋放少量盐打散，红椒切片，备用。

锅内放少量油，鸡蛋下锅炒成蛋滑盛出。

黄秋葵下锅翻炒片刻后加入鸡蛋、盐等调味品一起翻炒即可。

图 11-3 秋葵炒蛋

4.牛肉炒黄秋葵（图 11-4）

主料：牛肉 300 克，黄秋葵 300 克。

调料：调和油、生粉、料酒、食盐。

做法：

牛肉洗净切片，加入料酒、生粉和食盐等调味品，用手抓匀。

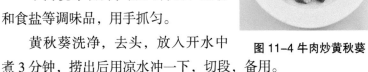

图 11-4 牛肉炒黄秋葵

黄秋葵洗净，去头，放入开水中煮 3 分钟，捞出后用凉水冲一下，切段，备用。

锅内放入食用油，烧至五分热加入牛肉，爆炒，变色后捞出，备用。

锅内加入黄秋葵翻炒，加入适量食盐，加入牛肉翻炒 2 分钟左右出锅。

5.麻辣豆腐秋葵（图 11-5）

主料：黄秋葵 200 克，大豆腐 200 克。

调料：色拉油、豆瓣酱、食盐、酱油、五香粉、葱、姜、鸡精。

做法：

将豆腐洗净，切成小方块；黄秋葵洗净切成小块，备用。

图 11-5 麻辣豆腐秋葵

热锅放油，加入葱花、姜末和豆瓣酱，炒香后放入清水、食盐、酱油和五香粉，随后加入豆腐和黄秋葵。

翻炒片刻后加入鸡精，出锅。

6. 肉丝黄秋葵（图11-6）

主料：黄秋葵300克，精瘦肉100克。

调料：食用油、生抽、生粉、料酒、盐、胡椒、小米椒、姜。

做法：

图11-6 肉丝黄秋葵

将精瘦肉切丝，放入碗中加入盐、料酒、生抽、姜丝、生粉和调味品，搅拌均匀，腌制几分钟，备用。

黄秋葵洗净，去除果蒂，备用；水烧开，向里面加入1~2滴油和少许盐，将洗净的黄秋葵放入其中，焯几分钟后捞出，控干水备用。

将焯好的黄秋葵切成丝，再将小米椒切成丝，备用。

将锅烧热后加入适量的食用油，加热片刻后放入腌制好的肉丝翻炒，待肉丝变色后加入切好的黄秋葵和盐、胡椒粉等调味品一起翻炒片刻，最后加入小米椒丝翻炒后即可出锅。

二、凉拌

1. 葱香秋葵（图11-7）

主料：秋葵300克，大葱100克。

调料：大葱、生抽、盐、鸡精。

做法：

（1）黄秋葵洗净，放入沸水中烫熟捞出。

图11-7 葱香秋葵

（2）将黄秋葵放入凉水中冲凉，捞出切段。

（3）大葱洗净切段备用。

（4）将黄秋葵段盛入盘中，撒下葱段，加入生抽、盐、鸡精，搅拌均匀，即可食用。

2. 凉拌黄秋葵（图 11-8）

主料：黄秋葵 250 克。

调料：白醋、白砂糖、盐、橄榄油、红辣椒、蒜、鸡精。

做法：

黄秋葵洗净，去除果蒂，备用；水烧开，向里面加入 1~2 滴油和少许盐，将洗净的黄秋葵放入其中，焯几分钟待黄秋葵变成翠绿色后捞出，控干水，切片，备用。

图 11-8 凉拌黄秋葵

将切成片的黄秋葵放入盆中，加入盐、白醋、白砂糖、鸡精和几滴橄榄油，充分搅拌，使其入味。

将红辣椒和蒜切片，与拌好的黄秋葵一起摆盘即可。

3. 百合黄秋葵（图 11-9）

主料：黄秋葵 200 克，鲜百合 50 克。

调料：熟玉米粒、红辣椒、白醋、盐、白砂糖、鸡精、橄榄油、芝麻油。

做法：

黄秋葵洗净，去除果蒂，备用；

图 11-9 百合黄秋葵

水烧开，向里面加入 1~2 滴油和少许盐，将洗净的黄秋葵放入其中，焯几分钟待黄秋葵变成翠绿色后捞出，控干水，切片，备用。

鲜百合洗净，切片，放入热水中焯熟，捞出，控干水，备用；红辣椒切块，备用。

将切成片的黄秋葵、焯好的百合、红辣椒和熟玉米粒放入盆中，加入盐、白醋、白砂糖、鸡精、几滴橄榄油和少许芝麻油，充分搅拌，使其入味。

摆盘即可食用。

4. 白灼黄秋葵（图 11-10）

主料：黄秋葵 250 克。

调料：耗油、生抽、盐、白砂糖、鸡精、橄榄油、蒜、红辣椒。

做法：

黄秋葵洗净，去除果蒂，从中间切开，备用；水烧开，向里面加入 1~2 滴油和少许盐，将洗净的黄秋葵放入其中，焯几分钟待黄秋葵变成翠绿色后捞出，控干水，摆盘。

图 11-10 白灼黄秋葵

蒜切片，红辣椒横切薄片，点缀在黄秋葵上。

在小碗中放入耗油，用少量水稀释，再加入生抽、盐、少许白砂糖、鸡精和几滴橄榄油，调匀，均匀浇在盘中摆好的黄秋葵上，即可食用。

三、蒸煮

1. 蒜蓉秋葵（图 11-11）

主料：黄秋葵 200 克，大蒜。

调料：生抽、盐、白砂糖、番茄酱、鸡精、食用油。

做法：

黄秋葵洗净，去除果蒂，从中间纵向切开，备用。

图 11-11 蒜蓉秋葵

锅烧热，放入番茄酱和水，调制成汁，倒入盘子低层，备用。

切好的黄秋葵摆放于番茄酱汁的盘子上。

大蒜切碎，锅内放入食用油烧热，倒入蒜碎，并加入生抽、盐、白砂糖，鸡精翻炒至散发蒜香味，关火，将炒好的蒜碎置于黄秋葵上面。

锅内烧开水后放入黄秋葵，蒸 5 分钟即可食用。

2. 虾蓉蒸秋葵（图 11-12）

主料：黄秋葵 200 克，鲜虾 100 克，胡萝卜 50 克。

调料：盐、鸡精、食用油。

做法：

黄秋葵洗净，去除果蒂，从中间纵向切开，备用。

图 11-12 虾蓉蒸秋葵

鲜虾去头、去皮、去虾线，洗净，沥干水分，剁成虾蓉，备用。

胡萝卜洗净，去皮，剁成碎块，备用。

将虾蓉和胡萝卜碎混匀，加入盐和鸡精搅拌均匀，填充在切开的黄秋葵上，装盘。

锅内烧开水后放入黄秋葵盘，蒸 10 分钟即可食用。

四、煎炸

软炸黄秋葵（图 11-13）

主料：黄秋葵 150 克，鸡蛋 1 个。

调料：面粉、淀粉、盐、胡椒粉、鸡精、食用油。

做法：

黄秋葵洗净，去除果蒂，备用。

将面粉和淀粉 1∶1 比例混合，打

图 11-13 软炸黄秋葵

入鸡蛋，加入鸡精、盐和胡椒粉，加适量的水调成稀糊状。

锅内放入食用油，烧热。

将洗净的黄秋葵浸入调好的面糊中泡一下，放入已烧热的油中炸至表面金黄色即可捞出，沥干油，装盘，即可食用。也可根据喜好的口味配上炼乳。

五、煲汤

1. 香菇黄秋葵汤（图 11-14）

主料：黄秋葵 150 克，香菇 100 克，高汤。

调料：盐、鸡精、胡椒粉、芝麻油。

图 11-14 香菇黄秋葵汤

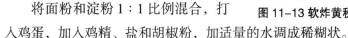

做法：

黄秋葵洗净，去除果蒂，切段；香菇洗净，切成小块，备用。

将高汤（若没有高汤，清水也可）煮开，加入黄秋葵段和香菇，放入盐、胡椒粉，煮熟即可出锅，出锅前加入鸡精和几滴芝麻油，即可食用。

2. 黄秋葵蟹黄汤（图 11-15）

主料：黄秋葵 150 克，咸蛋黄 3~4 枚。

调料：盐、鸡精、胡椒粉、淀粉、芝麻油、食用油、肉汤。

做法：

黄秋葵洗净，去除果蒂，切段，备用。

图 11-15 黄秋葵蟹黄汤

将咸蛋黄放入小碗中，盖好保鲜膜入锅蒸 10~15 分钟，取出后用勺子将其碾碎，备用。

炒锅烧热，加入食用油，将碾碎的咸蛋黄放入油中，小火炒至颜色金黄出香味，加入肉汤（或清水），放入黄秋葵段，加入盐、鸡精、胡椒粉。

将少许淀粉和水调成芡汁，倒入汤中搅拌均匀，出锅前加入鸡精和几滴芝麻油，即可食用。

主要参考文献

蔡影, 陆松静. 2012. 保健蔬菜黄秋葵栽培技术 [J]. 中国农业信息, 21.

曾日秋, 洪建基, 姚运法, 等. 2014. 闽南菜用黄秋葵品种及其栽培技术 [J]. 福建农业科技, 45(10):26.

曾亚成. 2015. 冬季黄秋葵大棚栽培技术 [J]. 福建热作科技, 40(2):36.

陈光蒙, 施震迪, 叶芹夫, 等. 2011. 无公害特色蔬菜黄秋葵高产栽培技术 [J]. 温州农业科技 (1) :37-38.

陈红, 正文静, 曲召廷. 2006. 黄秋葵无公害栽培技术 [J]. 山东蔬菜 (3):42-43.

陈江萍. 2010. 黄秋葵保鲜贮藏技术的研究 [J]. 食品研究与开发, 31(8) :186-189.

陈书健, 陈定松. 2016. 宝应地区黄秋葵设施大棚栽培技术 [J]. 农民致富之友 (11): 166.

陈燕峰, 姚运法. 2015. 诏安县无公害黄秋葵高产高效栽培技术 [J]. 湖南农业科学 (7) :172-172.

单承莺, 马世宏, 张卫明. 2012. 保健蔬菜黄秋葵的应用价值与前景 [J]. 中国野生植物资源, 31(2) :68-71.

党海军, 张芙蓉, 李虎林, 等. 2017. 榆林地区黄秋葵露地栽培技术 [J]. 中国瓜菜, 30(8) :55-56.

党选民, 李琳. 2009. 保健蔬菜黄秋葵及其栽培技术 [J]. 广西热带农业 (1):30-31.

董才文, 刘长虹. 2008. 黄秋葵食用胶的制备及应用研究进展 [J]. 安徽农业科学, 36(13) :5 687-5 688.

董彩文, 刘长虹. 2008. 黄秋葵的功能特性及综合开发利用 [J]. 安徽农业科学, 28(5) :180-182.

董文其, 寿伟松, 雷娟利, 等 . 2011. 黄秋葵新品种纤指的选育及高产栽培技术 [J]. 蔬菜 (7): 194.

樊雯娟, 刘新智, 马巨明 . 2015. 昌吉地区黄秋葵无公害栽培技术 [J]. 现代农业科技 (24):104-111.

范德友 . 2013. 黄秋葵——水稻轮作中黄秋葵的高产栽培技术 [J]. 蔬菜 (9):51-53.

范荣, 肖日升, 许如意, 等 . 2010. 三亚市黄秋葵栽培技术初探 [J]. 现代园艺 (1): 57-58.

范文忠, 赵文若, 赵宏辉 . 2010. 不同药剂对黄秋葵棉蚜药效试验 [J]. 北方园艺 (14):162-164.

房德纯, 蒋玉文 . 2004. 新编蔬菜病虫害防治彩色图说 [M]. 北京 : 中国农业出版社 .

冯涛, 汪来田, 范涛, 等 . 2016. 河西走廊沙漠绿洲秋葵高产栽培技术 [J]. 长江蔬菜 (12):61-62.

付秀会 . 2015. 半干旱区有机黄秋葵高产栽培技术 [J]. 中国园艺文摘 (3):182.

高继俊, 李素锋 . 1998. 黄秋葵冬季日光温室高产栽培 [J]. 中国蔬菜, 1(1):39-40.

高玲, 刘迪发, 等 . 2014. 黄秋葵研究进展与前景 [J]. 热带农业科学, 34(11):22-29.

宫慧慧, 于倩, 等 . 2013. 黄秋葵的应用价值和产业化开发前景 [J]. 山东农业科学, 45(10) :131-134.

何慕怡, 沈文杰, 等 . 2014. 黄秋葵营养加工特性及其冻干食品研发 [J]. 长江蔬菜 (22):1-7.

何贤超, 何贤广 . 2008. 保健蔬菜新品种五福黄秋葵的栽培技术 [J]. 广东农业科学 (4): 88.

何永梅 . 2013. 黄秋葵优良品种 [J]. 湖南农业 (12):19.

胡韬，王辉，等 . 2012. 黄秋葵保健茶加工技术研究 [J]. 河南科技 (11x):96.

胡永军，徐彩君，刘春香 . 2009 . 大棚番茄高效栽培技术 [M]. 济南：山东科学技术出版社 .

黄阿根，陈学好，高云中，等 . 2007 黄秋葵的成分测定与分析 [J]. 食品科学，28(10):451-455.

黄绍力，邓红生，等 . 2002. 黄秋葵速冻保鲜研究 [J]. 保鲜与加工，2(1):13-15.

黄依萍 . 2016. 永春县无公害黄秋葵高产高效栽培技术 [J]. 农技服务，33(11):62.

吉美林，王石麟 . 2011. 种特色蔬菜的保健功能及栽培技术 [J]. 上海蔬菜 (1)：76-78.

贾陆，郭明明，李东，等 . 2011. 黄秋葵石油醚部位化学成分的研究 II[J]. 中国中药杂志，36(7) :891-895.

赖正锋，李华东，吴水金，等 . 2009. 出口黄秋葵栽培技术 [J]. 中国园艺文摘 (1):99.

李春梅，曹毅 . 2008. 不同播期对黄秋葵生长及发育的影响 [J]. 长江蔬菜 (6):31-32.

李建华，陈珊 . 2004. 黄秋葵水提取液抗疲劳的药效学观察 [J]. 中国运动医学杂志，23(2):196-197.

李曙轩，等 . 1990. 中国农业百科全书：蔬菜卷 [M]. 北京：农业出版社 .

李益恩，何林福，等 . 2012. 黄秋葵酸奶的研制 [J]. 食品与发酵科技，48(2):82-85.

林乙明 . 2013. 海南省黄秋葵无公害高产栽培技术 [J]. 现代农业科技 (23):109, 111.

刘桂芳，杨松松，杨志强，等 . 1987. 狼毒大戟脂溶性成分的分离鉴定 [J]. 中国中药杂志，12(8) .

刘桂丽 . 2016. 山东地区黄秋葵间作苋菜高效栽培技术 [J]. 北方园艺 (19):206-207.

刘娜 . 2007. 黄秋葵的综合利用及前景 [J]. 中国食物与营养 (6) :27-30.

刘娜 . 2007. 新兴蔬菜黄秋葵果胶提取工艺 [J]. 食品工程 (2):33-37.

刘维侠, 曹振木, 党选民, 等 . 2012. 保健蔬菜黄秋葵遗传育种研究进展 [J]. 热带农业工程, 36(6):27.

刘维侠, 党选民, 张秀明 . 2006. 热带蔬菜黄秋葵 [J]. 安徽农学通报, 12(12):67-68.

刘勇, 万三连, 等 . 2015 . 割茎再生技术对黄秋葵产量及品质的影响 [J]. 中国蔬菜, 1(5) :49-51.

刘中华, 梅宗亮 . 2015. 北京地区黄秋葵栽培技术 [J]. 蔬菜 (12): 258.

娄凤菊, 连立峰, 金海潮, 等 . 2004. 黄秋葵的栽培与应用 [J]. 特种经济动植物, 7.

卢令格, 王光亚 . 1993. 秋葵籽蛋白质的营养学研究 [J]. 卫生研究, 22.

卢毓星, 王桂泽 . 2005. 黄秋葵的容器栽培 [J]. 北京农业, 9(1) : 25-26.

罗先群, 王新广 . 2000. 黄秋葵软罐头的研究 [J]. 食品研究与开发, 8.

马云肖, 王建新 . 2004. 几种新型油脂的脂肪酸组成及特性 [J]. 粮油食品科技, 12.

倪韩燕 . 2013. 大棚黄秋葵高产栽培技术 [J]. 上海蔬菜 (4) :36-37.

潘继兰 . 2008. 黄秋葵的植物学特性和栽培技术要点 [J]. 北京农业 (19) :6-7.

皮雄娥, 费笛波, 王龙英, 等 . 2005. 大豆黄酮及其生理功能的研究进展 [J]. 饲料工业, 26.

任丹丹, 陈谷 . 2010. 黄秋葵多糖的提取、分离及其体外结合胆酸盐能力的分析 [J]. 食品科学, 31.

任丹丹, 陈谷 . 2010. 黄秋葵多糖组分对人体肿瘤细胞的增殖抑制作用 [J]. 食品科学, 31.

任志 . 2011. 黄秋葵的优良品种介绍 [J]. 北京农业 (10):17.

宋聚红，齐连芬 . 2012. 石家庄地区黄秋葵露地栽培技术 [J]. 长江蔬菜 (12):54-55.

宋锐 . 2012. 内江地区黄秋葵栽培技术要点 [J]. 四川农业科技 (4):25.

孙元琳，汤坚 . 2004 果胶类多糖的研究进展 [J]. 食品与机械，20.

谭韩英，韦丽芳 . 2015. 黄秋葵保健果冻的研制 [J]. 轻工科技，1.

田瑛玉，王金梅，康文艺 . 2011. 华丽芒毛苣苔化学成分研究 [J]. 中国药学杂志，46(23) :1 795-1 797.

王建军，朱宏华，等 . 2011. 黄秋葵特征特性及其高效栽培技术 [J]. 陕西农业科学，57(4) :251-252.

王君耀，周峻，汤谷平 . 2003. 黄秋葵抗疲劳作用的研究 [J]. 中国现代应用药学志，20.

王丽霞，卢凤刚，郝建博，等 . 2014. 不同育苗基质对秋葵生长发育及产量的影响 [J]. 北方园艺 (10) :16-19.

王梅荣 . 2015 . 保健蔬菜黄秋葵的特征特性及优质高产栽培技术 [J]. 现代园艺 (6):33, 132

王彦伟，勾现清 . 2014. 黄秋葵设施穴盘育苗技术探讨 [J]. 现代园艺 (11):58-59.

吴慧，赵晓凤，李秋兰 . 2010. 扬州地区绿色保健蔬菜黄秋葵的栽培技术 [J]. 蔬菜 (11):151-152.

吴立军，尹双，王素贤，等 . 1996. 女贞子化学成分的研究Ⅲ [J]. 中国药物化学杂志，31(1) :25-28.

吴尧美 . 2016. 建阳黄秋葵的高产栽培技术 [J]. 农技服务 , 33(5):65, 231.

辛松林 . 2014. 采后黄秋葵果实耐贮性及加工应用研究进展 [J]. 食品工业，35.

徐鹤林，李景富 . 2007. 中国番茄 [M]. 北京：中国农业出版社 .

徐建华，王石麟，谢瑞斌 . 2011. 6 种保健野菜及其种植技术 [J]. 上海农业科技 (2):62-64.

徐立群，徐驰，潘亚丽，等 . 2013. 北方黄秋葵露地栽培技术 [J]. 吉林蔬菜，4-5.

薛志忠，刘思雨，等 . 2013. 黄秋葵的应用价值与开发利用研究进展 [J]. 保鲜与加工，13(2) :58-60.

杨春安，丁立君，王庆 . 2015. 湖南黄秋葵品种引进筛选试验 [J]. 特种经济动植物 (8):44.

杨群，张锴 . 2011. 黄秋葵胶囊的制备及质量控制 [J]. 中国现代应用药学，28(S1): 1 323-1 326.

杨少瑕 . 2014. 粤西地区黄秋葵优质高效栽培技术 [J]. 黑龙江农业科学 (7) :172-172.

印文彪，邵慧，柯东辉，等 . 2011. 黄秋葵新品种绿空 [J]. 长江蔬菜 (1):6.

于颖 . 2007 火焰原子吸收光谱法测定黄秋葵中微量元素 [J]. 辽宁教育行政学院学报，6.

张峰豪，郝春燕，等 . 2013. 黄秋葵无公害栽培技术 [J]. 上海蔬菜，2.

张洪永，王秀梅 . 2012. 长江及黄淮流域黄秋葵优质高效栽培技术 [J]. 长江蔬菜 (14) :64-65.

张运胜，孙冰 . 2015. 安乡县黄秋葵轻简栽培技术 [J]. 现代农业科技 (19):100-102.

赵智明，贾爱平，金徽银，等 . 2016. 银川地区黄秋葵露地优质高产栽培技术 [J]. 宁夏农业科技，57(8) :11-13.

钟惠宏，郑向红，李振山 . 1996. 秋葵属的种及其资源的搜集研究和利用 [J]. 中国蔬菜 (1):2.

Anuradha Mishra, Sunita Pal. 2007.Polyacrylonitrile-grafted Okra mucilage: A renewable reservoir to polymeric materials[J]. Carbohydrate Polymers，68.

IBPGR. 1991. Report of An International Workshop on Okra Genetic Resources. IBPGR, Rom.

KAHLON TS, CHAPMAN MH, SMITH GE. 2007.In vitro binding of bile acids by okra, beets, asparagus, eggplant, turnips, green-beans, carrots, and-cauliflower[J]. Food Chemistry, 103.

LENGSFELD C, TITGEMEYER F, FALLER G, et al. 2004.Glyco-sylated compounds from okra inhibit ashesion of helicobacter pylori to human gastric mucosa[J]. Journal of Agricultural and Food Chemistry, 52.

LI S G, WANG D G, TIAN W, et al. 2008.Characterization and antitumor activity of a polysaccharide from Hedysarum polybotrys Hand.Mazz[J]. Carbohydr Polym, 73.

M.Camciuc, M.Deplagne, G.Vilarem, et al. 1998. Okra-Abelmo-schus escu-lentusL. (Moench.) a crop with economic potential for set aside acreage in France[J]. Industrial Crops and Products, 7.

Salunkhe D K. 1984.Postharvest Biotechnology of Vegetable[J]. Boca Rotan Fla. CRC Press, 23.

Sengkhamparn N, Sagis LM, Vries RD, et al. 2010. Physicoche-mical properties of pectins from okra[J]. Food Hydrocolloids, 4.

Shujat Hussain, Muhammad Sajid, Noor-ul-Amin, et al. 2006.Response of okra cultivars to different sowing times[J]. Journal of Agricultural and Biological Science.

SteveIzekor, R. W. Katayama. 1997. Okra-Production-Update-for-Small-Acreage Growers[J]. Horticulture, 21.

Wei Tana, Ke-qiang Yu, Yan-yan Liu, et al. 2012. Anti-fatigue activity of polysaccharides extract from Radix Rehmanniae Preparata. International Journal of Biological Macromolecules, 50.

135

WOOLFE J A. 1977. The effect of okra mucilage (Hibiscus esculentus L.) on the plasma cholesterol level in rats. Proceedings of the Nutrituion Society, 36.

Yi-Ming Chiang, Yueh-Hsiung Kuo. 2002. Novel Triterpenoids from the Aerial Roots of Ficus microcarpa. J. Org. Chem., 67.

ZHANG J, WU J, LIANG J Y, et al. 2007.Chemical characte-rization of Artemisia seed polysaccharide[J]. Carbohydr Polym, 67.